该给孩子的
给的

科学思维

刘炯朗 著

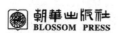
朝華出版社
BLOSSOM PRESS

著作权合同登记号　图字：01-2020-3539 号

图书在版编目（CIP）数据

科学思维 / 刘炯朗著 . -- 北京：朝华出版社，
2021.1（2021.10 重印）
　　ISBN　978-7-5054-4692-2

　　Ⅰ . ①科… Ⅱ . ①刘… Ⅲ . ①自然科学－青少年读物
Ⅳ . ① N49

　　中国版本图书馆 CIP 数据核字（2020）第 194873 号

科学思维

作　　　者　刘炯朗
选题策划　袁　侠
责任编辑　王　丹
责任印制　陆竞赢　崔　航
装帧设计　璞茜设计

出版发行　朝华出版社
社　　　址　北京市西城区百万庄大街 24 号　　　邮政编码　100037
订购电话　（010）68996050　68996522
传　　　真　（010）88415258（发行部）
网　　　址　http://zhcb.cipg.org.cn
印　　　刷　阳谷毕升印务有限公司
经　　　销　全国新华书店
开　　　本　710mm × 1000mm　1/16　　　字　　数　140 千字
印　　　张　14
版　　　次　2021 年 1 月第 1 版　2021 年 10 月第 2 次印刷
装　　　别　平
书　　　号　ISBN 978-7-5054-4692-2
定　　　价　49.80 元

　　现在一个很热门的话题就是科技与人文的对谈，好像这是两个相对立的领域，必须通过沟通和对谈才会使两边和谐。

　　其实科技和人文是"哲学"这棵大树所发展出来的两个枝干，科技和人文不是独立的不相干个体，它们不需要对谈，而是"你中有我，我中有你"的融合体。一个好的科学家一定有好的文学素养，写出来的东西是众人看得懂的。诺贝尔物理学奖得主费曼教授（Richard Feynman）的书就是个很好的例子，他的书几十年来一直是青少年进入科学领域的启蒙书。只有真正懂的人，才能够把很深的学问用日常生活的例子深入浅出地介绍出来。刘炯朗校长的书就给人这样的感觉，读起来行云流水，但里面的内容很深奥。

　　刘校长的博学是大家都知道的，我只是不知道他是如此的广而深。幸好，他已经退休，不然像他这样人文和科技通吃的人会严重威胁别人的饭碗。除了知识渊博之外，我最敬佩刘校长的是他的敬业精神，他在新竹 IC 之音广播电台主持一个节目，每逢录音时，所有的应酬全都推掉，专心录音，有时录上一整天，直到他自己满意为止。我们都知道，要约刘校长吃饭定要避开录音日，不然再好的佳肴都不能引诱他来，敬业态度实在令人敬佩。

过去我们都以为，主持节目的人定要说话字正腔圆、声音甜美，但是刘校长的节目让我们看到这并不是必要条件，听众真正在乎的是内涵。刘校长说话有广东腔，因为他在澳门长大，但是他的节目内容丰富，广东腔反而变成特色。像我的朋友开车听收音机的时候，听到广东腔就不再搜寻电台，他知道刘校长上场了，大家洗耳恭听。

我最喜欢听刘校长讲一些科技史，像谷歌（Google）为什么会叫这个奇怪的名字等。因为刘校长20世纪50年代就去美国留学，在伊利诺伊大学任教多年才回台湾"清华大学"当校长，他在美国时正是电脑兴起的时候，见证了电脑从一个房间那么大的庞然巨物到现在背包里放的笔记本电脑，这中间的过程他亲身经历，所以说起故事来，多一分自身体验，他是当事人而不是旁观者，所以他的故事会吸引人。

就像我在1969年去美国念书时见证到心理

学蜕变为认知科学一样，其中的关键实验自己都做过，那种感觉就是不一样。所以刘校长在讲科技史时，真的没有人比得上他。

他最拿手的是深奥得令人却步的天文物理，他娓娓道来，活泼、生动、有趣，书读起来轻松愉快，非常适合父母读给小学三年级以上的孩子听。我最要推荐的是书中引导思考方式的逻辑推理，这是目前教育非常缺乏的一项。父母可利用这本书来弥补目前教育制度上的不足。如果父母时间不够，让孩子自己读完再跟父母讨论也一是个方法，重点在于父母要把逻辑思考的方式通过相互讨论教给孩子。

在国外，我常看到父母在餐桌上跟子女就某个话题进行辩论，在台湾，这种现象几乎不存在，但逻辑思考的重要性在于一个有逻辑思考的人不会盲从，不会随便受人蛊惑。

我一直认为念书给孩子听，跟孩子讨论事情比去外面应酬重要，因为应酬的话常不能当真，酒肉又穿肠过，一顿饭三个小时其实很是浪费时间，若把这时间拿来启发孩子，效益是不可同日而语的。在我成长的过程中，台湾没有电视，父母也不需要去外面应酬，我学到最多的东西，是晚饭后父亲读报给我们听的时候，他会评论时事，问我们这件事如果是我们在做，下一步会怎么样，让我们学习别人的经验，也教我们如何从别人的观点来看同一件事情，这对我后来进入社会做事有很大的帮助。

新加坡前总理李光耀在千禧年国际阅读协会年会的演讲中说："21世纪的公民必须要有快速吸取信息的能力和正确表达自己意思的能力。"若要孩子能快速正确地表达出思绪，讲出来的话必须有条理、合逻辑。刘校长的书中有许多可以让父母跟孩子讨论的话题，有些是科学上的，有些是生活上的，都是训练的好题材。

孩子是我们一生最大的投资，在演化上要成功的条件之一是"子代必须超越亲代"，青出于蓝要更胜于蓝。过去，家长常找不到合适的科学书来启发孩子，现在有了刘校长这本书，可以在教室外或通过亲子共读将孩子带进科学的门，让他们体会到独立思考与做学问的乐趣。

洪兰

台湾"中央大学"认知神经科学研究所所长

Part 1

谈 天 / 001

Part 2

说 地 / 083

Part 3

论 人 / 149

PART I

谈 天

■ 人类对天文的兴趣是自然而然、未曾停歇的。

天有多大?

人类对天文的兴趣是自然而然、未曾停歇的。宇宙这样大、历史那么久，天文真是门大学问。到底，天文学家怎么测量、估计这些数字呢?

"谈天说地"就是天南地北、古今中外无所不谈，当然少不了要谈谈天文学。谈天文就是谈宇宙，宇宙才真是包括了天南地北、古今中外。

天文学真的是门大学问，从何谈起，如何结束呢? 一个很有趣，当然也很重要的题目是"宇宙是怎样来的"。这是自古以来大家都问过的一个问题。到了 20 世纪，经过多年的智识累积，在不同的理论观察、不同的模型中，"大爆炸模型"（The Big Bang

Model）已经发展成熟，足以用来解释宇宙起源。有人说，"大爆
炸模型"是 20 世纪最重要的，甚至是人类有史以来最重要的科学
进展。

　　进入主题前，先让我澄清一个名词上的问题。天文学指的是
研究地球以外的天体，包括太阳、月亮、太阳系里的行星，以及
太阳系所在的银河系（Milk Way Galaxy）等。宇宙学则是对整个宇
宙的研究——说得更清楚一点，是对所有的物质、能量及其时空
关系的研究。宇宙中有一千亿个以上的星系（galaxies），每个星
系至少有一千万颗恒星，所以整个宇宙约有 10^{20} 颗恒星，每颗恒
星大约有 10^{57} 个氢原子。

■ 见微知著的科学

　　10^{20}、10^{57} 是多大的数目？ 10^3 就是 1 之后有三个 0，是一千；
10^6 是 1 之后有六个 0，是一百万；10^8 是一亿；10^{12} 是一兆。

　　银河有多大？银河的直径可能是 10^{16} ~ 10^{18} 公里。那么我
们的宇宙有多大？直径大概是 10^{24} 公里，那就是一兆兆公里。
那么宇宙的历史有多久呢？估计是 137 亿年。说到这里，多数人
会觉得这些数字大得惊人，到底天文学家怎么测量、估计这些数
字呢？其实，这就是科学最了不起、最美的地方，从大得惊人的

$10^{20} \sim 10^{30}$ 公里，到小得让人无法置信，如原子直径是 10^{-10} 米，都是经由强烈的好奇心、极端丰富的想象力、精密细微的耐心观察，以及严谨的数学与逻辑推论得来的结果。

有人会说，宇宙这样大，历史那么悠久，你的观察能精密到什么程度呢？数学的精算能够准确到什么程度呢？这就是科学家通过实验和观察，加上数学和推理相互作用，而能够做到"见微知著"的地方。在小小的地球上，观察浩瀚的太空，侦测微弱的信号，确定一个遥远星体上有没有少量水分的存在；用纯数学的理论，精密地计算出天体运转的轨迹……这的确都是令人叹为观止的成就。

1916 年，爱因斯坦根据相对论，精确算出从远方传来的星光经过太阳附近时，会因为太阳的重力吸引而被扭曲。三年后，趁着日全食的机会，英国天文学家的观测验证了爱因斯坦理论的结果。

英国诗人威廉·布莱克（William Blake，1757~1827 年）的名诗《天真的预言》（*Auguries of Innocence*）：

To see a world in a grain of sand,

And a heaven in a wild flower,

Hold infinity in the palm of your hand,

And eternity in an hour.

翻译成中文是：

从一粒沙看世界，

从一朵花看天堂，

把永恒纳进一个时辰，

将无限握在自己手心。

这不正是从事天文学、宇宙学研究的科学家们的写照吗？汉代《东方朔传》里有句话："以管窥天，以蠡测海。"管就是竹管，蠡就是瓠瓢，原意是通过竹管来观察天空，用瓠瓢来测量大海，都只看到狭窄的片面，看不到宏观的全面，用来比喻一个人见识和眼光的狭窄。但是，我们也可以为这句话做个新的解释：天文学家、海洋学家就是通过一点点地小心观测，才推算出精准结果的。

■ 不断有新发现

人类对天文的兴趣是自然而然、不可避免的。当人类观察到太阳、月亮、星星的运行，自然会生出许多疑问，也尝试做出许多解释。远古时代，有很多关于太阳、月亮、星球、季节、昼夜的神话，还有星象学的研究。星象学和天文学在古代是分不开的，两者都始于观察太阳、月亮和其他天体的运行和相对位置。当人们观察到，天体的运行是产生四季、昼夜、潮水涨落的原因，直接影响到我们的生活时，就推而广之，认为天体的运行也会影响我们的工作、作息、心情、运气，星象学因而逐渐走向跟符号语言、艺术、休闲有关的领域。比如，在《三国演义》里，诸葛亮夜观天象，看出曹操的气数未尽，也看到关羽已经身亡。今天，天文学已逐渐发展成为严谨的科学。在中国历史上，东汉时代的张衡可说是最有名的两位天文学家之一，另一位是南北朝的数学家、天文学家祖冲之。至于西方，古希腊时代的哲学家、数学家，已经开始对天文做深入的研究和探讨，其中很重要的一位是埃拉托斯特尼（Eratosthenes，前 276~ 前 194 年）。以时间点来说，埃拉托斯特尼比张衡早三百年左右。到了 16 世纪，最重要的天文学家自然就是尼古拉·哥白尼（Mikołaj Kopernik ，1473~1543 年）。

在大家的心目中，宇宙包罗了所有的物质和能量，也包罗了所有的时空事件。我们在前面也说过，整个宇宙大约有 10^{20} 颗恒星，宇宙的直径大约是 10^{24} 公里。但是，在天文学里，我们心目中的这个宇宙，应该叫作"可以观察得到的宇宙"。顾名思义，是不是宇宙里还有我们观察不到的部分？这个问题到现在还没有定论。为什么宇宙可能有观察不到的部分呢？这和宇宙的"大爆炸模型"有关。因为光的速度是固定的，如果一个物体以光的速度离开，我们就不能观察到这个物体了。那么，宇宙中有没有物体以光的速度离开我们呢？这还是一个没有完整答案的问题。

还是让我们先讨论可以观察得到的宇宙吧。宇宙中最重要的成员就是恒星，比如，太阳是离地球最近的一颗恒星。大致来说，恒星是一团氢气和氦气，氢气经过核子融合反应变成氦气，经由物质能量的转换，产生热和光。

■ 一片打翻了的奶水

除了恒星之外，还有行星。行星的简单定义，就是围绕着恒星旋转、自己不会发光发热的天体。在太阳系中，太阳是恒星，围绕着太阳旋转的行星，除了地球之外，远古时代已经发现水星、金星、火星、木星、土星等五颗行星。到了 18、19 世纪，天文学家又发现了天王星和海王星。2006 年，天文学界有一件重要又有趣的事情，在 1930 年发现、被称为太阳系第九颗行星的冥王星，被从行星名单中除名。从这件事也看出，在天文学或者其他科学的研究中，不断地努力会带来新的发现，因而改变我们过去的观点和看法。

除了大家都熟悉的八颗行星外，还有几十万颗小行星以及彗星。一直以来，在天文学里"行星"始终没有一个公认的定义。自 1930 年冥王星被发现以后，天文学家陆续发现若干个和冥王星相似的天体，因此，在 2006 年，经过若干讨论和争议，国际天文学联盟为行星确定了三个条件：第一，它必须绕着恒星走；第二，它有足够的质量，因而有足够的内在的重力吸引力，和外在的重力吸引力达到平衡，保持圆球的形状；第三，在运行的轨道附近，没有别的天体与之一起运行。冥王星因为违反了第三个条件而被除名，因为天文学家陆续发现轨道附近有和它相似、跟它一起运转的天体。有些天文学家觉得这个定义并不合理，但在天文学里，新的发现不断出现，这也正是天文学有趣、有挑战性的地方。

此外，围绕着行星走的叫作"卫星"。月亮是地球的一颗卫星，火星有两颗小卫星，木星、土星等也有大大小小数十颗卫星。

宇宙里的星并不是零乱地分布，而是受到重力的吸引，形成一群一群的星，这些星群就叫作星系（galaxy）。太阳系所在的星系估计约有两千亿颗恒星，直径大约是 10^{18} 公里。自古以来，人类用肉眼就可以看到太阳系所在的星系里的恒星，横过天空，像一条银色的河流，因此太阳系所在的星系叫作银河。

大家都听过牛郎织女的故事，天帝用银河把牛郎和织女分隔，只有在每年的七夕（农历七月初七晚），牛郎和织女才能经由喜鹊搭成的桥渡过银河相会一次。我们往天上看，银河西北边有颗微青白色的星，就是织女星，银河东南边有颗微黄色的星，就是牛郎星。北宋词人秦观（1049~1100 年）的《鹊桥仙》中，"银汉迢迢暗度"这句里，"银汉"就是银河，"迢迢"形容遥远，"暗度"是指在夜晚静寂中渡过了银河。北宋文学家苏轼（1037~1101年）的《阳关曲·中秋月》诗中有"银汉无声转玉盘"一句，"银汉无声"是指银河静悄悄的，"玉盘"就是月亮。唐代诗人杜牧（803~约852年）还有"天阶夜色凉如水，坐看牵牛织女星"两句名诗。

在英文里，"银河（Galaxy）"一词源自希腊文，意思是"乳白色的"，因为古希腊人把银河看成一片打翻了的奶水。在希腊神话里，天帝宙斯和人间女子生了一个婴儿，天帝趁着天后睡觉时，把婴儿放在她的胸前吸吮她的奶水，希望婴儿吃了她的奶水后也可以变成天神。天后醒来发现这个来路不明的婴儿，一手把婴儿推开，使得婴儿正在吸吮的奶水洒满了夜空。所以，在英文里，银河也叫作"奶水之路"。

1924年以前，天文学家以为太阳系所在的星系就是整个宇宙。不过，到了今天，天文学家已经观察到许多的星系，据估计，宇宙里大约有一千亿个星系。

宇宙的中心点

假如有两个不同理论可以解释一个现象的话，那么，比较简单的理论就是正确的。

不论天文学、物理学、化学、生命科学还是医学，都有两个不同却相辅相成的研究方法：一个是观测和实验，另外一个是理论和模型。从几千年前，天文学家对地球、月亮和太阳的观测，到 20 世纪黑洞和"大爆炸模型"等，都一一印证了实验和理论间的关联性，以及两者都不可或缺的关键性。

在古希腊时代，"地球是圆的"这个观念已经得到观察上的验证，而且被接受。当一艘船在大海中向远方行驶，我们先看不到船身，但可以看到船的桅杆，那是因为地球表面是弧形的；月食时，也可以看到地球的阴影是圆的。东汉时代的天文学家张衡说过，天就是个大鸡蛋，地就是中间的蛋黄，这也是说"地球是圆的"。16世纪，葡萄牙航海家麦哲伦率领船队，花了三年时间环绕地球一周，可以说是第一次用行动来验证地球是圆的。

既然地球是个圆球，那么地球的圆有多大？公元前两百多年，古希腊的数学家、天文学家埃拉托斯特尼找到一个简单而巧妙的方法，把地球的圆算出来。埃拉托斯特尼住在埃及南部的一个小城塞印城（今阿斯旺），他发现每年6月21日那天，太阳会从天空直照到井底的水，而一根直立的竹竿不会有影子。换句话说，阳光从天上垂直地照到地面，真是日正当中，立竿不见影。

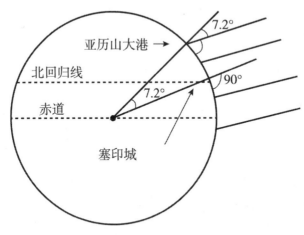

◎ 埃拉托斯特尼的测量方法示意图

当埃拉托斯特尼观察到这个现象时，他想到阳光是从很远的地方平行照过来，假如地球是平的，那么在别的地方，直立的竹

竿也不会有影子；因为地球是圆的，在别的地方直立的竹竿就会
有影子，而且从竹竿的长度和影子的长度，可以算出这个地方和
原来的小城在地球的圆内之间的角度。埃拉托斯特尼测量到两个
结果：一是这两个小城间的距离大约是 900 公里，二是这两个小
城在圆弧上的角度是 7.2°。900 公里被 7.2° 除，再乘以 360°，
算出的地球圆周大约是 45,000 公里。今天我们知道地球的圆周是
40,100 公里，跟埃拉托斯特尼算出来的误差不到 13%。

■ 美妙的计算

让我解释一下，为什么埃及南方的那个小城，在 6 月 21 日
那一天，太阳会"日正当中，立竿不见影"。我们都知道，地球
绕着太阳转，叫作"公转"，每公转一圈就是一年。但是，除了
绕着太阳公转，地球也在自转，每自转一圈就是一天。地球面对
太阳的那一半就是白天，背对太阳的那一半则是夜晚。在地球绕
着太阳公转的平面上，地球自转的轴不是跟平面垂直，而是有
23° 26' 的倾斜，这个倾斜就是"当北半球是夏天，南半球就是冬天；
当北半球是冬天，南半球就是夏天"的原因；因为这个倾斜，南
北半球和太阳间的距离和角度是不同的；也因为这个倾斜，每年 6
月 21 日或 22 日太阳会直射在北回归线上，每年 12 月 21 日或 22 日、

23日会直射在南回归线上。北回归线是北纬23°26',南回归线是南纬23°26'。

知道地球是圆的，也估计出了地球的圆周，那么月亮呢？圆圆的月亮挂在天空，大家早就知道月亮是圆的，埃拉托斯特尼通过观察月食的过程算出月亮的直径。太阳照在地球上，地球的背后就有一个影子，当月亮绕到地球背后，走进地球的影子时，就是月食了。

让我们再看一次，月亮是怎么样走进走出地球的影子：当月亮开始走进地球的影子时，就是月食的开始；当整个月亮完全走进地球的影子时，就达到月全食的阶段。从月食开始到月全食开始，这段时间和月球的直径成正比；从月全食开始到月全食结束，月球全部在地球的影子里，这段时间和地球的直径成正比。所以，当埃拉托斯特尼观察到，从月食开始到月全食开始的时间是月全食开始到月全食结束的1/4的时候，他就估计到月亮的直径大约是地球直径的1/4。因为我们已经算出地球的直径是40,000公里被π（3.14159）除，所以，月亮的直径大概是10,000公里被3.14159除，就是3200公里。

短短的两页文字，我们就明白了两千多年前的天文学家如何经过细心观察和计算，得出了地球的直径，再由月食的数据算出月亮的直径。还可以算出什么呢？当我们把手伸直，对着月亮看的时候，用一个指甲把整个月亮遮住，指甲长度大约是我们手臂长度的 1%，按照几何上最简单的相似三角形的概念，月亮直径和月亮到地球的距离比例，正是指甲长度和手臂长度的比例。所以，月亮的直径也是月亮到地球距离的 1%。月亮的直径是 3,200 公里，所以，月亮到地球的距离是 320,000 公里。

当我们知道月亮和地球的距离，按照简单的几何原理可以估计出地球到太阳的距离，那么太阳的大小呢？日食是月亮走在太阳和地球之间，把太阳挡住，我们已经知道月亮的直径、地球的直径、月亮与地球间的距离，按照相似三角形的结果，就可以算出太阳和地球间的距离了。当然，我无法详细地为大家解释，有兴趣的读者可以继续去发掘。相信诸位都会同意，这实在太美妙、太棒了！

■ 谁才是宇宙的中心？

谈到天文学的发展，其中最重要的关键点是：地球、太阳谁是宇宙的中心？其实，古希腊时代就有两个不同的观点，分别提出了不同的理论和证据。其一是，以地球为中心，太阳、火星、水星等都绕着地球运转；另一个是我们已知的正确观点——太阳是中心，地球、火星、水星等都绕着太阳走。不过，在古时候，大家看到太阳和地球相对地运转，到底是谁绕着谁转，其实不容易从观察中下定论。在 16 世纪初哥白尼提出"太阳为中心"的论点前，多数人都相信"地球为中心"这个论点。

在介绍哥白尼的"天体论"前，让我再举一个例子，来阐述观察和理论间的关系。今天，我们都知道地球和火星都绕着太阳走，地球的轨道是比较小的一个圆，火星的轨道是外面一个比较大的圆，因此当我们在地球往上看地球和火星的相对位置时，有时候，火星会在地球前面。但是，因为地球的轨道是个比较小的圆，过了一段时间，地球就会赶上去，火星反而落在地球后面。

这可由两个以太阳为中心的同心圆换算，做出清楚的解析。如果我们认为火星是绕着地球运转的话，那么火星走的不是圆形的轨道，而是一个相当复杂的轨道，才能够解释地球和火星相对位置忽前忽后的观察结果。这是科学上常遇到的情形：一个观察结果可以用两个不同的理论模型来解释。到底哪个模型是对的呢？通常得等到有其他相同的观察结果，才能够下定论。不过，在科学里，一个有趣也常常有用的原则，叫作"奥卡姆剃刀"。这个原则是说，假如有两个不同理论可以用来解释一个现象的话，那么比较简单的理论会是正确的理论。在前面的例子中，地球和火星的相对位置，用"太阳为中心"的同心圆轨迹模型来解释比较简单，用"地球为中心"的模型来解释比较复杂，所以"太阳为中心”的模型是对的。

在 20 世纪前，物理学家为了解释许多光学上的现象，假设宇宙弥漫着一种介质，叫作“光以太”，光是靠着光以太来传递的。到了 20 世纪初，一方面物理实验无法找到光以太，另一方面爱因斯坦的特殊相对论可以正确地解释光传递的现象，而且是比较简单的，因此是正确的理论。在医学院里，学生经常被提醒用“奥卡姆剃刀”原则，当医生看到病人的症状分析病因时，应该往简单的而非复杂的方向去思考。管理学里，也常讲一个原则——“尽量保持简单”。奥卡姆是 14 世纪的哲学家，“剃刀”就是要把多余的、不必要的东西刮掉。在中文里，我们有“以简驭繁”这个成语，意思就是用简单的方法来处理看似繁杂的事情。

■ 太阳系的正确模型

从古希腊时代开始，不同的文化都讨论过地球或者太阳是宇宙中心的问题。不过，到了 16 世纪，波兰的天文学家哥白尼才真正奠定了“太阳是宇宙中心”的模型。在今天，宇宙和太阳系这两个概念是不同的。15 世纪时，天文学家还以为太阳系就是整个宇宙。哥白尼一辈子只写过一篇半论文，在 1514 年，他写了一篇 20 页的论文，没有印刷出版，只在少数人之间流传。在论文里，他提出"地球并不是宇宙中心，宇宙中心是在太阳附近"这个论点。接着，他用了二十多年的时间把这篇论文扩充成二百多页的一本书。这本书在他逝世前一天才印刷出来，送到他的病榻旁。

哥白尼的"太阳是宇宙中心"模型是近代科学发展的最大贡献之一。不过，论文发表后并未马上被普遍接受。一个原因是，按照他的模型演算出来的结果，跟观察结果并不完全吻合。约60年之后，德国天文学家约翰内斯·开普勒（Johannes Kepler，1571~1630年）修正了哥白尼的模型，他指出，地球和其他行星运行的轨道不是一个圆，而是椭圆。大家都知道圆有一个圆心，哥白尼假设太阳就在圆心的位置；椭圆则有两个焦点，开普勒指出太阳的位置只是两个焦点之一。因此，当地球在椭圆的轨道上运转时，地球和太阳的距离并不固定，而是随着轨道上不同的点而改变。还有，哥白尼的模型假设地球在轨道上运转的速度是固定的，开普勒则相信地球在轨道上运转的速度并不固定。

哥白尼和开普勒逐步推广验证了"太阳为中心"的模型，伽利略更进一步用望远镜观察到符合"太阳为中心"模型的现象。还记得物理课中，意大利天文学家伽利略·伽利雷（Galileo Galilei，1564~1642年）从比萨斜塔丢下两个质量不同的球，结果两个球同时到达地面，证明了质量不同的物体下落速度是一样的。伽利略并不是第一个发明望远镜的人，不过，他制作了很好的望远镜。当时，望远镜不但在军事上很有价值——可以观察敌人军队的布局和移动，对商人也很有用——当商人看到别人载着香料、布匹的船快进港时，他们会赶快先把手上货物以较好的价钱卖掉。伽利略用他的望远镜看到有四颗小卫星绕着木星旋转，这违反了"地球为中心"的模型所说——所有行星都绕着地球转。伽利略又用望远镜观察金星明暗圆缺的变化，观察结果和"太阳为中心"的模型完全符合。

总结来说，哥白尼、开普勒、伽利略奠定了太阳系的正确模型。他们的研究工作一再印证了在科学上实验和理论相辅相成、并驾齐驱，不仅是重要的研究方法，也是唯一的研究方法。

寻找外星人

究竟，外星人是根本不存在呢，

还是真有外星人，只不过我们没看到？

"在太空外，有没有外星人的存在？"应该是每个人都曾经有的疑惑。"外星人"只是个比较通俗的名词，严格地说，是地球以外"有智慧能力的生命"。

有关"外星人是否存在"这个问题，有以下三种不同的回应。

第一个回应是："不一定吧？假如他们真的存在，为什么我们还没有看到呢？"这个回应源自 20 世纪鼎鼎有名的物理学家恩里科·费米（Enrico Fermi，1901~1954 年）。1950 年，当费米和他的朋友谈到外星人存在与否这个问题时，费米的回应是："外星人在哪里？"表面上，费米的回应可以解释为"我不相信外星人存在"，但从客观的科学角度来解释，费米的回应是"既然你说按照科学数据的分析估计，宇宙间应该有外星人存在，而且，照今天科学和技术上的成就来估计，我们可以想象得到外星人会有来到地球探访的能力。那么，如何解释为什么我们到现在还没有看到一个外星人？"这个说法就叫作"费米的悖论"，意即外星人是根本不存在呢，还是真有外星人，只不过我们没看到而已？

第二个回应是："他们是可能存在的，我们应该想办法去联系他们，跟他们交换信息。"1959年，两位天文物理学家朱塞佩·科可尼（Giuseppe Cocconi）和菲利普·莫里森（Philip Morrison）提出"外星人可能存在"的想法并具体建议了侦测外星人发出信号的做法。

第三个回应是："宇宙这么大，历史这么悠久，按照若干数据的分析估计，外星人、外星文明应该存在。"这个想法的基本论点可以用一个例子来说明：假如我们让一大群、很大很大一群猴子在电脑上敲敲打打，总有只猴子会敲出一套《莎士比亚全集》，还有一只猴子会敲出一套《唐诗三百首》。宇宙的历史大概是140亿年，光是银河系就有差不多一千亿颗恒星，宇宙有一千亿个以上的星系，这些都是庞大得难以想象的数字。1961年，美国有位天文学家德瑞克提出一个方程式，用来估计银河里外星文明的数字，就是著名的"德瑞克方程式"。

■ 回答费米的悖论

接着，我将逐一讨论这三个观点。其实，当我们问"外星人是否存在"时，有人会说："管他们是否存在，我才不在乎。"这是消极的看法，我后面的讨论里会谈到"即使他们存在，我们要不要跟他们来往"的一些顾虑。让我先从费米的悖论谈起。

要回答费米的悖论，我们有两个解套的可能：其一是找出足够理由论证，说明外星人是不可能存在的。其二则是相信外星人是存在的——一个可能是他们留下了痕迹，我们没有看到，或许看到了，却不愿意承认这是外星人留下来的痕迹；另一个可能是，他们到目前为止根本还没有和我们联络上。

让我们一一来细看，为什么外星人不可能存在。

一个解释是，人类是宇宙中最原始的生命，得等人类逐渐演化后，别的星球上才会有外星人出现。但是，单在银河系里，就有许多远比太阳更老的恒星，这些恒星在一百万年前就已经存在，那么它们技术和文明的发展，应该比我们早了一百万年。

还有一个解释是，地球可能是唯一或者非常少数有适当的环境让生命孕育进化的地方。太阳和地球间天体运行的关系，地球和月亮间的潮汐力，水和其他化学元素的存在，都相当独特，具有让生命孕育进化的条件。

另外一个解释是，智慧、语言、科学和技术的发展不一定是生命孕育进化中的必然现象。因此，人类也许是唯一循着目前文明发展的轨迹走过来的有智慧能力的生物。

不过，当我们在下一节讨论"德瑞克方程式"时，德瑞克会说，这些理由并不充分。

"费米悖论"的另一个解套的可能是，外星人是存在的，只不过我们看不到他们的痕迹，或者是我们看到而不愿意接受这是外星人留下来的痕迹。自古以来，人类都在天空看到来路不明的飞行物体（简写为 UFO）。中国宋代科学家、政治家沈括（1031~1095年）在《梦溪笔谈》二十一卷里描写：在扬州，看到天上一个有半张床那么大的外壳，打开后，里面有一颗珠，"壳中白光如银……烂然不可正视……其行如飞；浮于波中"。15 世纪，哥伦布驾船横越大西洋时，也看到远处有一个闪闪发光的物体。到了近代，世界各地常有人说看到飞碟、来路不明的飞行物体，甚至有人看到外星人在天空上、在玉米田里写的大字，这些可能都是外星人存在的痕迹。另外一个说法是，人类就是外星人的后裔。那么，我们的老祖宗在什么地方呢？还有一个说法是，外星人把我们全部监禁在地球，不让我们和他们接触。

　　"费米悖论"的另外一个解套的可能是，外星人是存在的，只是，到目前为止，他们还没有跟我们联络上而已。为什么还没联络上呢？是不是因为时空的距离，使得他们送出的信号或者太空探索的工具还没有抵达？这似乎不太可能，因为宇宙已经有140亿年的历史。那么，是他们不想和别人联络沟通吗？太空中，数以百万的不同文明总有些想对外联络沟通吧？还是因为他们想尽量低调，避免外来侵扰的危险呢？为什么那些侵扰者不来伤害我们？是不是因为我们听不懂他们发出的信号？这就把我们带到接下来要谈的，1959年科可尼和莫里森提出的侦测外星人发出的无线电信号的想法。

■ 经典中的经典

　　假如真有外星文明存在，我们该如何证明他们的存在，进而跟他们联络沟通呢？1959年，科可尼和莫里森发表了一篇被称为"经典中的经典"的论文。他们认为，在一个高度文明社会里的外星人一定会送出一些信号，通过这些信号和其他文明社会接触。这些信号会是什么样子的呢？从传送速度和传送的集中性来考虑，他们会选择电磁波。若从电磁波在太空以及地球表面的衰减来考虑，他们会选择的电磁波频率不低于每秒一百万赫兹、不高于三百亿赫兹。只是，在这么大的一个范围里，他们会选哪个频率呢？

天文学里，有个很重要的频率，就是 1420.4 兆赫，这个频率换算成波长，按照波长等于光速被频率除的公式结果是波长为 21 厘米。这个频率是从哪里来的呢？大家都知道，一个氢原子有一个电子绕着一个质子在转，而且电子和质子都有它们的自转，当电子和质子的自转方向一致时，氢原子的能量比较高；当电子和质子的自转方向相反时，氢原子的能量比较低。如果氢原子从能量比较高的状态跳到能量比较低的状态时，这个能量的差异就会产生一个频率为 1420.4 兆赫的辐射。

氢原子在能量较高和较低的状态间跳来跳去是可能的，不过概率非常非常低。太空中 90% 的物质是氢原子，所以氢原子非常多，都加起来，我们在地球上的确可以侦测到频率为 1420.4 兆赫的辐射。天文学家在 20 世纪 40 年代发现这个现象，到 1950 年用实验确切证实了这个现象。科可尼和莫里森心想，这是宇宙中大家都知道的一个频率，外星人很可能就用这个频率的电磁波来传递信号。另外，在太空中这个频率的背景杂音也比较少。

但是，还有个问题得回答。如果我们用无线电望远镜在太空寻找 1420.4 兆赫的信号，茫茫太空，无线电望远镜该指向哪个方向？科可尼和莫里森认为应该先从离地球不远的星球里找。所谓

"不远",至少也有 15 光年。在这个距离内,他们认为有七颗光度、寿命都和太阳差不多的星球,上面都可能会有生命,包括中国天文学中鲸鱼座里的天仓五和波江座里的天苑四,都可以作为搜索的目标。

■ 中西研究不谋而合

总而言之,科可尼和莫里森的论文不但指出外星人文明存在的可能,还具体规划出一个搜索的行动方案。这篇论文也为之后 50 年寻找外星文明的工作开了先河。在论文的结尾,他们说:"也许有人把我们的论述看成无稽的科幻小说,但是这些论述跟目前天文学上的知识是一致的。虽然我们无法知道,按照这些说法去寻找外星文明送来信号的成功概率,但是我们知道,如果不去寻找,成功的概率一定是零。"

顺便一提,同样在 1959 年,一位在美国从事研究工作的华裔天文学家黄授书也发表了一篇论文,指出宇宙中生命发生的可能。他也认为,在地球附近的鲸鱼座天仓五和波江座天苑四,有支持生命发生的条件和可能。这个结果和科可尼和莫里森的结果相吻合。黄授书是位相当有名的天文学家,他和杨振宁是西南联大物理系的同班同学,也同时于 1947 年公费赴美留学。

从科可尼和莫里森的论文开始，在过去 50 年，政府——特别是军方和私人的机构，投入了很多资源从事外星人搜索工作。在无线电通信方面，也积极建设更强大有力的无线电望远镜，制作更精密的测试仪器。除了无线电通信外，也探索光通信的可能。更有人提出，为什么不干脆把一个实体的探索器送到太空？当然，这些努力都还没有得到确实具体的结果。

针对寻找外星文明的工作，也有人持不同看法。撇开外星文明根本不存在的可能性不谈，另一个问题是，外星人为什么想把信号传到外面呢？无目的传送是个有意义的科学行为吗？何况，即使两个文明成功地相互交换信号，往返的时间也在一千年、一万年以上。还有，过去 50 年来，我们在地球上的工作始终集中在聆听、寻找，只接收不传送，外星人也很难知道我们的存在。

一个比较深入的观点是，也许保持沉默，只接收不传送，是宇宙文明的共同心态。况且，外星人文明是善良抑或邪恶，我们无从得知，如果彼此联络上后，万一他们要来征服、毁灭我们，该怎么办？所以，有人建议，任何一个要传送到太空外的信息，必须先经过联合国全体大会的通过批准。至于从外星传递来的信号，它可能含有电脑病毒，可能把我们所有的电脑全部毁坏。

由此来看，保持沉默或许是一个应该遵守的策略。

德瑞克方程式

天文学家德瑞克在 1961 年提出。我们可以用这个方程式来估计，宇宙中大概有多少个可能会跟我们联系的外星文明。

假如我问："新竹市有没有年龄、性别、身高、体重都和我一样的人？"我们可以用一个很简单的方法来估算这个问题。

首先，在新竹市，大约有 1/2 的人是男性，这些人里，他们的年龄可能是 1 岁、2 岁、3 岁……100 岁，所以，有 1/100 的人年龄跟我一样是 73 岁。这些人里，身高可能从 150 厘米到 190 厘米，中间有 40 厘米的范围，所以有 1/40 的人身高是 179 厘米，跟我一样。这些人里，他们的体重可能从 40 公斤到 90 公斤，中间有 50 公斤的范围，所以有 1/50 的人体重跟我一样是 73 公斤。

1/2 × 1/100 × 1/40 × 1/50=1/400,000

换句话说，每40万个人里，就应该会有一个人的年龄、性别、身高、体重都和我一样。假设新竹市人口有80万，80万乘以1/400,000 等于2，就是说，新竹市可能有两个人的年龄、性别、身高、体重都和我一样。假如我再问："新竹市有没有年龄、性别、身高、体重和生日都和我一样的人呢？"因为一年有365天，所以 1/400,000 还得乘以 1/365，等于 1/146,000,000，这个结果，不但在新竹、就连整个台湾地区都不一定有这么一个人。不过，全世界有66亿人[①]，66亿乘以 1/146,000,000 等于45，那就是说全世界可能有 45 个人的年龄、性别、身高、体重、生日都和我一样。

德瑞克方程式的思路跟上面这个例子完全一样。我们可以用这个方程式来估计，宇宙中大概有多少个可能会跟我们联系的外星文明。

■ 生命的可能所在

首先，德瑞克把估算范围缩小至地球所在的银河系。让我先交代一下，宇宙中大概有一千多亿个星系——一群星、气体、星

---

① 世界人口数 66 亿为 2006 年的统计数字。——编者注

尘和暗物质因为重力的吸引而聚在一起。一个星系中，可能有多到一兆或者几千亿颗星，也可能少至几千万颗、几百亿颗星，地球所在的银河系中大概有两千亿颗星。远古以来，人类已经在天空看到地球所在的银河，不过却一直以为我们所在的银河系就是整个宇宙。到了 20 世纪初期，美国天文学家爱德文·鲍威尔·哈勃（Edwin Powell Hubble，1889~1953 年）发现了其他的星系。这是天文学上一个非常重大的进展。

我们的银河系里，大概有两千亿颗星，按照光度可以分成 O、B、A、F、G、K、M 七类。其中 O 型和 B 型的星温度最高，发出蓝光；A 型和 F 型的星温度比较低，发白光；G 型的星发黄光，太阳正是 G 型的星；K 型的星发橙光；M 型的星发红光，温度都比太阳低。我们相信，外星文明比较可能存在于跟太阳系统相似的 G 型星系里。银河系中，大约有 5% 的星是 G 型星，所以两千亿颗星的 5% 大约是一百亿颗左右。

在太阳系里，太阳是恒星，绕着太阳走的有八颗行星——水星、金星、地球、火星、木星、土星、天王星和海王星。太阳系的形成大约在 46 亿年前，太空中一大团的分子云因为重力吸引被压缩，旋转速度增加，温度升高到几百万摄氏度，而引起了核反应，形成了发光发热的恒星——太阳。太阳的主要元素是氢和氦。不过，分子云也形成了别的物质，例如岩石、金属、冰。因为太阳表面的温度高达 5,000 摄氏度，所以我们认为生命只可能在行星上存在，那么一个重要的问题是："整个银河系里，有多少颗行星？"多年以来，天文学家根本不知道除了太阳系里的八颗行星外，别的恒星有没有行星。直到 1995 年，两位瑞士天文学家首先发现飞马座里的一颗恒星——飞马座 51 是有一颗行星的。他们的发现是个开始，截至目前，天文学家已经发现太阳系里的大约五百颗行星了。

■ 多普勒原理

有人会问，飞马座 51 距离地球大约 50 光年。在望远镜里，光是看到它已经不容易了，加上它放出的光会遮盖住绕着它转的行星，怎么还能看到它呢？按照多普勒原理，当我们测量一个光源的波长时，如果光源朝我们而来，测量到的波长会减少；如果光源离开我们，测量到的波长会增加。假如飞马座 51 真有个行星的话，因为重力的吸引，恒星飞马座 51 的位置会因为行星的绕转而移动。当我们看到飞马座 51 发出的光的波长在改变时，就可以下结论：这是因为有个行星在绕着它转。

所以，在德瑞克的估算里，我们要问："银河系中和太阳相似的一百亿颗恒星里，有多少颗有行星？"比较高的估计是 50%~100%，比较低的估计是 10%，也就是有一二十亿颗和太阳相似的恒星是有行星的。

那么，在这至少一二十亿颗恒星里，多少颗行星有足以孕育生命的环境呢？按照我们在地球上的经验，水是不可缺少的，因为水可以作为溶剂，让分子结合成有机复合物，再成为蛋白质。在太阳系里，科学家认为离太阳太近，光解作用会让水分子分解而消失，精确一点地说，就是距离不能比地球和太阳的距离再近5%以上；相反地，离太阳太远水就会凝固，因此不能比地球和太阳的距离再远37%以上。除了水之外，碳、氧和氮也都是必要的。氢、氧、氮可以和碳结合成有机复合物；氧是个活性元素，当它和别的元素结合时，就会产生支持生命的能量；而氮是蛋白质的基本元素。

前面提过，天文学家黄授书在1959年的论文中指出，离地球大约10光年的鲸鱼座的天仓五和波江座的天苑四有孕育支持生命的条件，因为天文学家在它们的光谱里看到碳和氧。此外，硫、硅也都有取代碳的可能，至于铁、钠、钾、钙都是我们身体里需要的金属元素。科学家估计，在一二十亿颗行星中，大概会有10%适合孕育生命，所以还是有一二亿颗行星可能有外星文明。

尽管如此，生命和有智慧能力的生命，还是不一样的。首先，什么是智慧能力？了解、学习、创造、使用语言文字的能力，都可以说是智慧能力。从地球上三四十亿年以前，单细胞微生物开始进化的过程来看，多数的科学家相信，智慧能力的发展来自进化和遗传，不可能只是一个偶然的意外。换句话说，地球上的智慧文明不会是独一无二的。那么，在有孕育生命环境的行星里，有多少颗会孕育出有智慧能力的生命呢？这个比例可以估计为1%。

■ 大于一就有希望

接着，在那些有智慧能力的文明中，我们还要问：有多少个高度文明的社会，有跟外界通信的能力，或者有跟外界通信的意愿？以古希腊社会作为一个可能的例子，他们在思想、文化、艺术、科学上的发展远超过工程技术上的发展，是不是也有些外星文明拥有高度的智慧能力，却在通信技术上远远落后呢？另一个可能的情形是，在高度文明的社会里，他们用光或者其他的通信方式来联络沟通，对他们自己来说，这些通信技术是足够和满意的，可是不一定适合在太空和其他文明社会联络沟通。还有，前面曾经提过，或许一个高度文明的社会，基于种种的顾虑和考量，即使有了技术，也不愿意和别的文明社会来往沟通。所以，在有智慧能力的文明社会里，有技术、有意愿和外界接触的社会，又得再打个折扣。这个折扣该是多少？实在无法估计，科学家说就算 1% 吧。

最后，文明社会的寿命往往有限，甚至是短暂的。碰上天体的互撞、温度上升或者下降，海洋水位的上升或者下降等天灾，或者人祸，如疾病的传染、核战争的爆发，都可能把整个文明社会毁灭。以地球上的人类社会为例，假如今天爆发的核战争把地球毁灭了，那么回溯到 1959 年科可尼和莫里森的论文，我们的文明只有 60 年，要在这个时段里想办法来和另一个寿命是 5000 年的外星文明联络。在太空亿万年的时间里，60 年也好，5000 年也罢，都是很短的时间。而且，这两个时段还必须对得上，如果一个文明已经终结，另外一个还没开始，两者也没有联络沟通的可能。其次，两个时段对得上也不代表它们的寿命时段能够重叠，如果两个文明社会间的距离是一万光年，当一个外星文明送出的信号到达另一个文明时，原来传送信号的外星文明已经消失了。

让我做个总结。从银河系里二三千亿颗星开始，有多少颗星和太阳相似？又有多少颗星有行星？有多少颗星有孕育生命的环境？又有多少颗星有智慧能力的生命？其中又有多少颗星有和我们通信的能力和意愿？其中又有多少颗星的寿命和我们的寿命对得上？德瑞克方程式就是把这些百分比全部乘起来得出来的结果，也就是可能跟我们联络沟通的外星文明的数目。因为德瑞克方程式的所有百分比都是靠估计得出来的，所以最后的结果，会因不同的估计而大不相同，有的低至个位数，也有高至五千、一万，甚至更大的。

无论如何，只要估计结果大于一，我们就有希望。

从大爆炸开始

宇宙长什么样子?

宇宙有没有一个开始?

让合理又美丽的"大爆炸模型"告诉你。

　　人类建立了"地球是圆的"这个模型,还算出了地球的圆周,后来建立了太阳系统的模型:地球和其他行星绕着太阳公转,地球也自转,月亮又绕着地球转……这都是经由观察、猜想和演算,从不同论点得出的大家公认的结论。我们看到天文学里许多重要又有趣的例子,都是从观测的结果建立模型,从模型演算出预期的结果,再回过头来通过观测去验证。

　　宇宙的模型是什么? 宇宙有没有一个开始? 有人说,20 世纪科学史上最重大的成就，就是建立了一个目前大家都认为正确的宇宙模型——"大爆炸模型"。宇宙有上千亿个星系，每个星系有上千亿颗恒星，还不知道有多少颗绕着这些恒星走的行星，"大爆炸模型"是个合理又美丽的模型，可以解释所有的天体来源及其运转的情形。

"大爆炸"这个名词并不是说宇宙开始的时候有一个怎样的爆炸。按照"大爆炸模型"，宇宙是有一个起点的，大约在137亿年前，宇宙是一团温度非常高——大约几兆摄氏度（太阳中心温度的十万倍），压力非常大，能量密度也非常大的粒子，这些粒子包括夸克和胶子，它们与其他的粒子，例如电子和光子，在高速度之下互相碰撞，之后新的粒子产生了，宇宙向外膨胀，温度也降低了。这些现象都是在时间从0到千万分之一秒、万万分之一秒内发生和演变的。几分钟后，温度已经降到几千分之一，达到大概十亿摄氏度，那时宇宙里的粒子多半是质子。诸位大概还记得，氢原子的原子核就是一个质子。等到几十万年后，质子和电子合起来，一个质子加上一个电子就成为氢原子。也有少数氢原子核两个合起来，成为氦的原子核。宇宙也就这么逐渐演变下去。

有人会问："这个'大爆炸模型'是怎么来的？"当然，这绝不是一个幻想出来的模型，而是许多天文学家观测和演算得来的结果。接着，我将把其中精彩的要点一一道来。

■ 爱因斯坦也犯错

"大爆炸模型"的理论基础源自"相对论"。1905 年，爱因斯坦发表"特殊相对论"，1916 年发表"广义相对论"，是物理学上一大革命。那么，难道在爱因斯坦以前的物理学——特别是牛顿力学——是错误的吗？答案是：当物体的移动速度远低于光的速度，当物体质量远低于天体的庞大质量时，古典物理学结果的精确度是可以接受的；但是，当物体的速度和质量都很大的时候，古典物理学的结果就不准确了。爱因斯坦"万有引力"的理论比原来牛顿的理论要准确。爱因斯坦用他的理论计算水星运行的轨道，以及计算星光从远方射来、经过太阳附近时被扭曲的程度，都已经得到实地观测的验证。因此，爱因斯坦也用他的"万有引力"公式去计算整个宇宙的运行。

爱因斯坦和其他天文学家都有一个假设，就是宇宙是均匀一致的，每个方向的结构都是均匀的、无向的，这个假设也逐渐得到观察的验证。然而，当爱因斯坦用广义相对论的方程式去计算天体的相对位置和运行情形时，计算结果是，因为天体彼此间重力的互相吸引，最后所有的天体会聚在一起，整个宇宙就崩溃垮塌了。这也是牛顿力学演算出来的结果。

当然，这不是爱因斯坦预期和愿意接受的结果。爱因斯坦心目中的宇宙模型是一个静止的模型——宇宙会平衡地、永恒地存在、运转，但这不是他的公式计算出来的结果。因此，他想出了一个补救办法，在公式里加上一个常数——宇宙常数。这样一来，算出来的结果就是一个平衡、永恒的模型。只是，这个常数是无中生有、为了到达预期的模型而硬拗出来的假设。他花了许多力气去计算、调整。多年以后，他也承认这是自己研究生涯错误的一大步。

几年之后，俄国数学家亚历山大·弗里德曼（1888~1925 年）提出一个"宇宙不是静止的，而是在不断膨胀"的模型。从物理学的角度来看，因为宇宙在不断膨胀，所以就可以和天体间的重力吸引力相抵消。从数学的角度来看，他引用爱因斯坦在"广义相对论"里的公式，而不需要加上一个连爱因斯坦都认为"丑陋"的常数。

什么是膨胀的宇宙模型？我们可以想象有一个气球，在气球表面是所有的天体，当这个气球膨胀的时候，每两个天体间的距离都会增加，天体彼此会越来越远。不过，爱因斯坦并不同意弗里德曼的观点。他先是说他的数学计算是错的，后来又改口说他的数学计算是对的，但是缺乏物理学依据。直到弗里德曼寂寂无名地病逝的几年后，比利时天文学家乔治·勒梅特（George Henri Joseph duard Lematre，1894~1966 年）在不知道弗里德曼的情况下，独立建立了"宇宙在不断膨胀"的模型。而且，在他的模型里，宇宙有一个起始点，从这个起点开始，宇宙不断膨胀和进化。

勒梅特的模型，可以说是"大爆炸模型"的开端。起初，爱因斯坦还是不相信勒梅特的结果。那时是20世纪20年代，爱因斯坦的"静止的宇宙模型"和弗里德曼、勒梅特的"膨胀的宇宙模型"，在数学上都是从相对论的公式导引出来，在观察实验上也都符合观测的结果。不过，接下来，陆陆续续许多天文学家研究的结果，多朝着支持"膨胀的宇宙模型"方向走。

■ 距离决定亮度

接着，我想再说说天文学上跟"大爆炸模型"有密切关系的故事。第一个我想到的问题——如何知道一颗星和地球间的距离？很多人会说这很明显是一个重要的问题，但是从来没有想过怎样去做。有人会说从这颗星的亮度来判断，这是正确的基本想法，但是如何从一颗星的亮度去判断它和地球的距离呢？首先，一颗星有它真正的亮度，也有它和地球的距离；亮度是随着这颗星和地球距离的平方而衰减的。换句话说，我们没有方法直接测定一颗星真正的亮度，也不知道这颗星和地球的距离，唯一能做的是在地球上观测到这颗星的亮度。究竟该怎么办呢？这其中有很多有趣的学问。

　　首先，天文学家把天空分成 88 个区域，每一个区域里的星就是一个星座，每个星座都有名字。这 88 个星座里大家最熟悉的就是当太阳经过天空时所通过的十二个星座，像狮子座、天蝎座、水瓶座等。我这么讲大家就明白，为什么一年会分成十二个星座期，其实就是每一年太阳通过这十二个星座时所经历的那段时间。我要特别提仙王座中的一颗星——造父星。造父是中国周朝时代一个人的名字。在中国天文学里，天文学家把天空分成 31 个区域和三垣（紫微垣、太微垣和天市垣），垣里的星是终年都可以看到的，另外再加二十八宿。西方的十二星象和太阳在天空的移动相关联，中国的二十八宿和月亮在天空的移动相关联。

　　有些星的亮度是固定不变的，例如太阳；有些星的亮度会随着时间改变，这些星就叫作变星。18 世纪时，年轻的天文学家古德利克（John Goodricke，1764~1786 年）在观察仙王座的一颗变星——造父星的时候，发现它的亮度改变是周期性的——大约是每 5 天 8 小时重复一次。以当时的望远镜技术来讲，这是非常细微的观察。随后，天文学家陆续发现许多和造父星相似的变星，亮度变化都呈周期性，这些星统称为"造父变星"。

　　过了将近一百年，美国哈佛天文台的亨丽爱塔·勒维特（Henrietta Swan Leavitt，1868~1921 年）女士花很多时间观察许多造父变星亮度变化的周期，做了一个大胆而最后证明是对的假设。

她找了 25 颗和地球距离大致一样的造父变星，只知道这些星与地球的距离差不多一样，但不知道它们与地球的距离是多少。因为这些星和地球的距离差不多一样，当这些星的光芒传到地球时，它们真正的亮度经过了同样距离的衰减，因此，我们在地球观察到这些星彼此间亮度的相对比例，跟这些星彼此间真正亮度的相对比例是一样的。换句话说，对这些星而言，我们在地球上所观察到的亮度，和它们真正的亮度有一个共同的比例。

勒维特女士从这 25 颗造父变星的观察中得到一个结论是：一颗造父变星的真正亮度和它的亮度变化的周期成正比。换句话说，一颗造父变星亮度变化的周期越长，真正的亮度也越大。勒维特女士这个结论非常有用，因为我们可以观察任何两个造父变星的亮度、变化的周期，由它们亮度变化的周期比例，算出真正的亮度比例。同时，我们也知道它们在地球上被观察到的亮度比例。从这两个比例就可以算出这两颗星和地球间的距离比例。

例如，有两颗造父变星的亮度变化周期的比例是 3：1，真实的亮度比例也是 3：1。如果它们在地球上观察到的亮度比例也是 3：1，那么它们和地球的距离比例就是 1：1。也就是说，这两颗星和地球的距离是一样的。再举一个例子，假如有两颗造父变星，亮度变化的周期比例是 3：1，但是我们在地球上观察到的亮度比例是 12 ： 1，为什么呢？因为前面那颗造父变星离我们比较近，后面那颗造父变星离我们比较远，而且两者离地球的距离的比例是 1 ： 2（$3 \times 2^2 = 12$）。

这样一来，天文学家就可以把每两颗造父变星和地球间的距离比例算出来。但是，让我强调这些都是比例而已。不过，当我们把这些比例算出来后，只要把一颗造父变星和地球的真实距离观测出来，就可以按照这些比例算出其他造父变星和地球的距离了。勒维特女士在 1912 年发表她的论文，一两年之内就有天文学家观测算出了某颗造父变星和地球的距离。有了这个结果，其他造父变星和地球的距离也就可以知道了。

那么，其他的星呢？我们可以用它附近的已知造父变星和地球的距离，来做近似的估计。所以，古德利克和勒维特的观察结果解决了测定距离这个问题。

追星有一套

"大爆炸模型"绝不是幻想出来的，

而是天文学家们观测和演算的结果。

且看这群"追星族"如何探索星星的秘密。

我们生存在庞大的地球上，然而，地球不过是宇宙中的一颗小星。科学家估计，宇宙里大概有上千亿个星系，每个星系有上千亿颗星，宇宙的直径大约是一兆兆公里。

前面提过，"大爆炸模型"的理论是根据爱因斯坦的广义相对论导引出来的。这些理论得来的结果，该如何从观测去验证呢？对我们外行人来说，宇宙不过是一团漆黑、里头有点点星光罢了。其实，只要小心地观察，再仔细地分析观测结果，除了可以算出一颗星和地球的距离，还能得到许多重要资料。

例如，我们可以从一颗星发出的光算出这颗星的表面温度。其实，"光"是一个笼统的名词。一颗星会发射出波长不同的电磁波，波长在 400 纳米到 700 纳米间的电磁波是可见光。红光的波长大约是 700 纳米，然后按照红橙黄绿蓝靛紫的次序递减。紫光波长大约是 400 纳米，波长比 400 纳米小的电磁波称为紫外线。波长比 700 纳米大的电磁波，称为红外线。当我们接收到从一颗星发射出的电磁波时，可以分析不同波长电磁波的分布。表面温度比较高的星发射出的电磁波会集中在波长 400 纳米的紫色光附近。表面温度比较低的星发射出的电磁波会集中在波长比较高、接近红色光附近。天文学家已经有足够的经验和数据，从一颗星发出的不同电磁波的波长来判断这颗星的表面温度。

■ 化学元素的指纹

还有，我们可以从一颗星发出来的光推定这颗星的化学成分。前面提过，可见光含有波长不同，也就是颜色不同（红橙黄绿蓝靛紫）的光，这就叫作可见光的光谱。19 世纪，化学家发现当他们把可见光照在一个化学元素上面，依照这个化学元素的原子结构，光谱里部分的光波会被吸收，而且不同的元素会吸收不同光波，这个特性可以称为每个化学元素的指纹。大家马上会了解，这是鉴定物质化学成分很好的办法。只要我们把可见光照在这个物质上，分析被吸收的光波，就可以判断这个物质所含的化学元素。19世纪，天文学家已经知道如何从分析太阳光光谱判断太阳所含的化学元素。

还有，从一颗星发出来的光，我们可以判断它是不是在移动，往哪个方向移动，以及移动的速度。当你站在火车站，火车进站朝着你迎面开过来时，火车笛声听起来比较尖锐；当火车出站离开时，笛声听起来比较低沉。其实，火车发出的笛声是固定的，用物理学的术语来说，火车发出的声波波长是固定的，但是当火车朝着我们时，耳朵收到的波长会减少，所以声音变得比较尖锐；当火车离开时，耳朵收到的波长会增加，声音会变得比较低沉。声波波长的增加和减少，和火车移动的速度有直接关系，物理学称作"多普勒效应"。声波是如此，光波也是如此。

19世纪，天文学家已经发现太阳光的光谱和天狼星光谱大致一样，那表示两者所含的化学元素大致相同。但是，天狼星光谱里的光波波长，都比太阳光谱里相对应的光波长一点点，这就表示天狼星是在移动，朝着离开地球的方向往远走。而且，从波长增加了多少，可以算出天狼星移动的速度。

1929年，美国的天文学家爱德文·鲍威尔·哈勃观察了46

个星系，从它们光谱的波长变化确定这些星系都朝着离开地球的方向移动。按照观察的结果，他下了一个很重要的结论：离地球越远的星系，移动的速度越大，而且与它们和地球的距离成正比。哈勃的结论是支持"大爆炸模型"的重要依据。首先，他证实了宇宙是在膨胀，而且膨胀的速度不断增加。如果让时光倒流，朝着反方向走，宇宙膨胀的速度就是在不断减小。所以，在过去某个时间点，所有天体都聚合在一起，速度是零，这就是"大爆炸模型"里的宇宙起点。按照哈勃起初的计算，这个起点是 18 亿年以前，目前最精确的计算结果是 137 亿年以前。

　　哈勃在天文学上的贡献非常伟大。他曾经不断努力，希望诺贝尔奖的委员会将天文学纳入物理学中，让天文学家也有机会得到诺贝尔物理学奖，但是努力了很多年都没有结果。直到 1953 年，他逝世后的几个月，诺贝尔奖的委员会才同意将天文学纳入物理学。可惜，诺贝尔奖不颁给已经过世的人。

　　自从 1920 年，俄国数学家弗里德曼和比利时天文学家勒梅特从爱因斯坦的"相对论"推演出宇宙"大爆炸模型"后，经过许多天文学家的努力，逐渐找出更多的证据支持"大爆炸模型"的正确性。

■ 宇宙物质如何形成？

一个重要的问题是，如何按照"大爆炸模型"解释宇宙物质的形成。宇宙里的原子中99.9％是氢原子和氦原子，两者的比例是10：1。按照"大爆炸模型"，一开始的时候，宇宙里有夸克、胶子和电子。夸克和胶子会结合成为质子和中子。天文学家必须解释这些粒子怎样结合成为原子，而不能说大爆炸一开始的时候就有氢、氦、氧、碳这些原子。

1948年，物理学家乔治·伽莫夫（George Gamow，1904～1968年）和他的学生拉尔夫·阿尔菲（Ralph Alpher，1921~2007年）经过多年的努力，计算出在大爆炸开始后很短的时间内，质子——也就是氢原子核形成，然后再由氢原子核结合成氦原子核，同时也正确算出宇宙中氢原子和氦原子的比例应该是1：10，这是拉尔夫·阿尔菲博士论文的一部分。但是，他们没有找出别的原子是怎样形成的解释。对一个外行人来说，一个氦原子核有两个质子、两个中子，一个氮原子核有六个质子、六个中子，所以三个氦原子核可以合成一个氮原子核。但是，从物理学的角度来看，在什么条件下这个合成才会发生，是件非常复杂的事。因为三个氦原子的质量加起来比一个氮原子的质量大一点，这一点质量就会变成很大的能量，影响到整个物理过程。

20 世纪 50 年代，英国天文学家弗雷德·霍伊尔（Fred Hoyle，1915 ~ 2001 年）想出一个可能的答案。当时他在美国加州理工学院访问，找了一位叫威廉·福勒（William Fowler, 1911~1995 年）的教授，帮他做实验来验证。结果，不但霍伊尔的想法是对的，福勒还开始了找出宇宙中别的原子形成的物理过程。1983 年，威廉·福勒得到诺贝尔物理学奖，伽莫夫、阿尔菲、霍伊尔全都落空。

此外，伽莫夫和阿尔菲与另外一个诺贝尔奖擦身而过。20 世纪 60 年代初期，美国贝尔电话实验室的两位无线电天文学家阿诺·彭齐亚斯（Arno Allan Penzias, 1933 ~）和罗伯特·伍德罗·威尔逊（Robert Woodrow Wilson, 1936 ~）用大型天线来搜寻银河系发出来的信号。搜寻过程中，他们发现有个杂音，经过一年多的尝试，仍然没有办法找到杂音的来源。这个杂音的波长大约是一毫米，是光波波长的一千倍。

在偶然的情形下，他们听到两位普林斯顿大学教授罗伯特·狄克（Robert Dicke）和詹姆斯·裴柏斯（James Peebles）在研究"大爆炸模型"时；按照他们的计算，宇宙刚开始时，因为温度和压力都很高，质子、电子和光子都在浮游碰撞，即使一个质子和一个电子碰撞合成一个氢原子，也会马上被一个光子撞开。到了 30 万年后，宇宙的温度降低到 3,000 摄氏度左右，质子和电子会结合成一个氢原子，光子不再影响质子和电子的结合，而发射出来成为弥漫整个宇宙的光，这就叫作"原始之光"（又称"创世之光"），波长大约是千分之一毫米。从那时开始，因为宇宙大概膨胀了一千倍，这个弥漫整个宇宙的电磁波波长变成大约一毫米。狄克和裴柏斯指出，如果我们真能找到这个弥漫整个宇宙的"宇宙微波背景辐射"的话，那就是"大爆炸模型"非常重要的证据了。

当狄克和裴柏斯正要开始设计一个仪器去寻找"宇宙微波背景辐射"时，在离普林斯顿大学不远的贝尔实验室里的彭齐亚斯和威尔逊打电话告诉狄克，他们已经找到"宇宙微波背景辐射"了，差点把狄克气死。

■ 美在追求真理

1965 年，彭齐亚斯和威尔逊的团队，狄克和裴柏斯团队，同在一本天文物理学期刊各自发表了一篇论文，描述他们的研究成果。彭齐亚斯和威尔逊的论文只有 600 个字，在 1978 年获得了诺贝尔奖。但是，愤愤不平的人除了狄克和裴柏斯之外，还有前面讲过的伽莫夫、阿尔菲以及他们的研究伙伴赫尔曼，其实他们早在 1948 年就预先指出"宇宙微波背景辐射"的存在。大家只知道彭齐亚斯和威尔逊，也提到狄克和裴柏斯的结果，却没有讲到伽莫夫、阿尔菲和赫尔曼最初的贡献。过去的几十年来，天文学家还一直用飞机、人造卫星对"宇宙微波背景辐射"做详细的量度和分析。

通过上述简短的介绍，希望读者能够了解这些科学发现中，有多少科学家、多少没有睡眠的夜晚、多少辛勤的汗水甚至多少失望的眼泪。科学追求的是真理和了解，那也就是美。只不过，在现代的学术研究里，科学家很难完全摆脱跟着学术成就而来的荣誉、财富、机会和权力。在"大爆炸模型"的研究过程中，有人可以说该得诺贝尔奖而未得到，有人努力争取，有人擦身而过，有人却是"得来全不费工夫"。中间的喜悦、兴奋、失望和愤怒，的确不足为外人道。

当彭齐亚斯和威尔逊在 1964 年发现"宇宙微波背景辐射"的时候，有人问伽莫夫，这是不是他在 1948 年预测的。他说："不久以前，我在这附近遗失了一个铜板，今天有人在我遗失铜板的地方找到一个铜板，因为所有的铜板都一样。是的，我相信那是我的铜板。"阿尔菲和赫尔曼也说："虽然有人说科学研究的目的在于追求真理，是谁把真理找到的并不是那么重要，不过，我们也的确看到了讲这些话的人，当他们获得奖项和学术荣誉时是何等快乐、开心和骄傲！"

世上最幸运的人

全身瘫痪 50 多年的科学家霍金，

在天文物理学方面有非凡贡献。

从他身上，我们看到了勇气、毅力与感恩。

2007 年 4 月 26 日，报上有一条不见得每个人都注意到的新闻——鼎鼎有名的霍金教授在美国佛罗里达州参加了零地心引力的飞行。

当时将近 70 岁的霍金是英国剑桥大学的教授，也是当代最杰出的天文物理学家之一，在对黑洞的研究上有开天辟地的贡献。他 21 岁时罹患了运动神经细胞的疾病，多年下来，他不但无法走路、无法举手，甚至不能够讲话，但是，他持续不断地从事研究工作，成就首屈一指。霍金教授飞行的新闻让我想起几个有趣的话题：什么是零地心引力的飞行？霍金教授罹患的是什么疾病？

大家都知道地心引力是牛顿发现的。当牛顿看到苹果从树上掉到地面时，他不禁问道："为什么苹果往地面掉，而不是向左右横飞呢？"牛顿的万有引力定律说，两个物体间的吸引力和两者的质量成正比，和两者的距离平方成反比。所以，地球和苹果，地球和一个人，地球和天空中的一只鸟或者一架飞机之间，都有互相吸引的力，这就是地心引力。

■ 体验无重力状态

当我们站在地上或者坐在椅子上，地球对我们的身体有一个吸引力，按照牛顿"作用力和反作用力相等"的定律，地板或者椅子的表面对我们的身体产生一个反作用力。地球的吸引力是往下拉，这个反作用力是往上推，两个力的大小是相等的，所以，我们的身体会维持平衡不动。当我们用秤去称体重或者去感觉自己的身体重量，感觉到的就是这个反作用力的大小。那么，既然地心引力和它的反作用力大小一样，有什么差别呢？没错，地心引力是不变的，但是，当其他力量加在我们身上时，全部的反作用力会增加或者减小，我们的重量也因而改变。

例如，当水给我们身体一股浮力时，地心引力是往下，浮力是往上的，相减之后反作用力会减小，使我们觉得比较轻。再者，当人造卫星绕着地球旋转时，旋转所产生的离心力和地心引力相抵消，所以在太空舱里会达到无重量的状态。严格来讲，无重量是比较准确的说法。零地心引力描述同样的物理现象，事实上地心引力是被抵消了，并非不存在。最后，当我们在电梯、飞机或者火箭里，不论加速或减速，我们的重量会跟着改变。这正是高中时学的物理，加速度和力是有直接关系的。

当飞机或者火箭向上加速时，身体的重量会增加，尤其火箭升空时加速度很大，所以宇航员感到重量的压力也很大。反过来，当电梯或者飞机迅速向下时，我们感到身体的重量会减小。这就是霍金教授在 2007 年 4 月 26 日坐在飞机里体验零地心引力的基本物理原理。

多年来，美国太空署都用飞机在空中迅速往下冲，达到零地心引力来训练宇航员。1993 年，有一家专门提供太空旅游和娱乐活动的商业公司，名字就叫作零地心引力。他们用一架经过改装的波音 747 飞机，每次升空 90 分钟，收费 3,750 美元（不过，霍金教授是免费的），飞机沿着一条抛物线的航道向上爬升，然后向下俯冲，每次乘客可以有 30 秒钟的时间体验 100% 的地心引力、1/3 的地心引力（火星上面的引力），或者 1/6 的地心引力（月亮上面的引力）。在 90 分钟的飞行时间里，飞机会爬升、俯冲 10 至 15 个来回，让乘客有七八分钟的时间体验地心引力的消失或者降低，也就是没有质量或者质量减轻的感觉。当然，正如前面所讲，在这一升一降之中，乘客也会体验到重量的增加，不过，最大增加到 1.8G，也就是地心引力的 1.8 倍，全程都相当安全。飞机的飞行高度是九千多米，每次最多可以载 30 位乘客，现在乘客可以选择在拉斯维加斯或佛罗里达起飞，还可以通过网络预先订位，你有兴趣试试吗？

为什么霍金教授要尝试这样的飞行？他说，人类必须到太空发展，尤其是当地球上充满了气候变暖、传染病等危险的今天，私人、商业、营利机构都可以参与太空的发展，不一定得靠政府机构完全承担。对一个六十多岁、全身瘫痪、世界级的科学家来说，这是个短暂而有趣的旅程。

▓ 与众不同的一生

霍金 17 岁时进入英国牛津大学学物理。据老师说，他并未整天埋首于书堆，也不做笔记。不过，大家都知道他的脑袋与众不同。按照英国的大学制度，学生毕业的时候，按照学业成绩可以得到一等或者二等荣誉，霍金的成绩在这两个等级的边缘，他得参加口试来决定能不能以一等荣誉毕业。据说，口试委员会马上就相信这名学生远比他们聪明。

后来，霍金转到剑桥大学念博士学位，从物理学改行到理论天文学和宇宙论。21 岁时，他发现自己罹患运动神经细胞的疾病。这种病会让人逐渐失去神经对肌肉的控制，至今仍无法治愈。医生跟他说："你还是回去念你的博士学位吧！"当时，他不知道自己能活多久，数学底子也不够好，有点灰心丧气。霍金在刚得病的时候与简·怀尔德女士订婚，后来当他的病情逐渐稳定下来，他们结婚了并育有 3 个小孩。婚姻带给霍金教授很大的安定力，但是，霍金教授在结婚 25 年后离婚，几年后跟照顾他的护士结婚，不过这段婚姻仅仅维持了 11 年。

获得博士学位后，霍金教授一直留在剑桥大学，是剑桥大学数学系的讲座教授。剑桥大学讲座教授是三百多年前由牛顿开始一脉相承的光荣职位。在霍金教授的传记里，大家常常提到，他出生在伟大的天文学家伽利略过世那一天，这应该只是巧合而不是转世投胎吧。但是，霍金教授的贡献的确可以视为牛顿、伽利略和爱因斯坦的贡献的延伸和发扬光大。霍金教授念完博士后短短几年，就在天文物理学的领域崭露头角。霍金教授 32 岁那年当选为伦敦皇家学院院士，也是皇家学院有史以来最年轻的院士。

皇家学院是一个历史悠久的荣誉组织，三百多年来，选出不到 500 位院士，包括牛顿、富兰克林、爱因斯坦、陈省身，都是名垂青史的大科学家。

霍金教授研究的领域包括宇宙来源、黑洞、时间和空间的关系、广义相对论和量子重力学，都是非常专业的学问。霍金教授对科学普及也不遗余力，写了科学专著《时间简史》。这本书非常畅销，光是版税就有五百多万美元。

霍金教授在罹病后的前十几年，还能够自己吃饭、上下床，后来就要靠轮椅来行动，需要 24 小时的护理照顾。他讲话越来越不清楚，起初找听得懂他说话的人传译，甚至得把单词的每个字母一一念出来，由别人指着一个字母，他会扬起眉毛表示"是"或者"不是"。后来，他有了一套电脑设备，可以在电脑屏幕上的字典里选字，然后由电脑的语言合成系统把他选的字连成句子，发音念出来。他靠脸部肌肉的移动或用嘴吹气来控制电脑，通过电脑系统发表演讲、写研究论文、出书、收发电子邮件和浏览网页。2006 年，他到香港访问，还开玩笑说，他用的语言合成系统说出来的英文有美国口音，不知道换成法国的系统，大家反应会如何。

运动神经细胞的作用是把电的信号送到肌肉，以控制肌肉的动作。人体肌肉运动可以分成：受控制的运动和不受控制的运动。不受控制的运动包括心肌跳动、肠胃肌肉蠕动、呼吸器官肌肉扇动等。受控制的运动则是由运动神经细胞送出的信号控制的，例

如手脚的动作、弯腰、眨眼睛、脸部肌肉的笑容和抽动等。运动
神经细胞分布在大脑和脊髓里，当这些细胞退化、死亡的时候，
就不能再把神经信号送到肌肉，肌肉变得软弱、萎缩，当大脑完
全失去处理受控制运动的能力时，患者就瘫痪了。得这种疾病的
人，刚开始时会有抽筋、肌肉僵硬、手脚无力、语言不清楚的征兆，
肌肉萎缩会蔓延到全身，站立、行走、吞咽、呼吸都会受到影响。
不过，通常患者的智力、记忆力和五官的感觉是不受影响的。

■ 永远不要对自己失望

另外一位运动神经细胞疾病的患者，是 20 世纪二三十年代，
美国棒球大联盟非常出色的球员卢·格里格。他在大联盟前后 15
年，被认为是美国棒球历史上最好的垒手，也被选入 20 世纪最佳
球队队员，共打了 23 场满垒全垒打。外号叫作"铁马"的格里格
也是连续出赛 2,130 场的纪录保持者，这个纪录维持了近 50 年，
到 1995 年才被打破。他在生涯高峰的时候，发现得了运动神经细
胞疾病，不幸在短短三年内去世。

在霍金教授描述自己疾病的短文里，他的结语是："我很幸运，
因为我的病情进展得比别的患者缓慢，那也表示我们不要失去希
望。"格里格得了运动神经细胞疾病，必须从棒球界退役。在洋

基球场为他举办的退役典礼上，他说："今天，我认为我是世界上最幸运的人。"

在霍金教授和格里格身上，我们看到了勇气、毅力和感恩。相信看完他们的故事后，我们每个人都会说："我认为自己是世界上最幸运的人。"

霍金与黑洞

霍金在天体物理学和宇宙论方面有非常杰出的贡献，

尤其对黑洞领域的研究，更是他的代表作之一。

自然科学包括天文、物理、化学、生物……自然科学的研究目的就是用逻辑和数学来分析和了解在宇宙里观测到的各种现象，从而做出预测和估计。由于目前时间和空间的限制，还有许多未能完全观测到的现象。自然科学的研究有两个相辅相成的方向——实验和理论。我们先从实验或观察得到数据，再去建立与实验结果相符的理论，或者先由理论计算把结论导引出来，再经由实验去验证结论的正确性和精准度。

古代的人从日食、月食、潮水的涨落推出天体运行的轨迹。

伽利略和牛顿从自由落体推出万有引力定律，都是"先观察到现象，再建立理论"的例子。反过来，杨振宁和李政道教授先从理论上推翻了"奇偶性守恒定律"，再由吴健雄教授用实验来证明他们的理论是正确的。

我在这里打个岔，"奇偶性"的英文是 parity，刘源俊教授指出这是比较恰当的翻译，许多人包括杨振宁和李政道都用"宇称"这个翻译；其实，"宇称"的语意反而没有"奇偶性"那么明显。

■ 光到底是什么东西？

首先，我们来看什么是"光"。远古时，人类看到太阳、月亮从远处发出光，看到光反射和折射的现象，就开始想要建立模型和理论来解释观察到的这些现象。在 15 和 16 世纪，有人提出"光是一连串粒子"的观点，这个观念可以用来解释某些物理现象，却不能圆满地解释其他现象。到了 17 世纪，又有人提出"光是一连串光波"的观点。同样地，这个观点可以用来解释某些物理现象，不能圆满地解释其他现象。20 世纪，因为相对论和量子论的发展，物理学家认为光可以被看成兼具粒子和波浪的特性，这样才能一贯地解释更多物理现象。

也许有人会忍不住抗议："请诸位物理学家弄清楚，一是一，二是二，光到底是什么东西？"实际的情况是：相对论和量子论都是 20 世纪物理学发展出来的两个理论的支柱，也经过很多次验证，但这两个理论还是有不能完全相容的地方，所以许多物理学家，包括爱因斯坦和霍金，都曾经寻求建立更广泛的理论架构来解释不同的物理现象。爱因斯坦发表了"相对论"的文章后，剩下的大半辈子就想要建立一个"统一场论"的架构，把古典重力学和电磁力学结合起来，但是没有成功。霍金和很多人都想要把重力学和量子力学结合起来从事量子重力学的研究；超弦理论也是一个重要的模型。所以，光到底是粒子还是波浪，这个问题可能无法强求出一个非一即二的答案。

回过头来继续谈"光"。古时候，因为测量仪器精密度不够高，大家以为光的速度是无限大的。17 世纪，一位丹麦的天文学家证实了光的速度并非无限大。现在我们量度出来的结果是，光在真空中的速度大约是每秒 3 亿米，通常都用英文字母"c"代表光的速度。

大家应该都听过，按照爱因斯坦的"特殊相对论"，任何移动物体的速度都不能超过光的速度。为什么？首先，我们得介绍被称为世界上最有名的公式——能量和质量交换的公式 $E=mc^2$。2005 年全球庆祝爱因斯坦发表这个公式 100 周年，台北的 101 大楼还在外墙用灯光排出这个公式。在这个公式里，E 是能量，m 是质量，c^2 就是光速度的平方。这个公式指的是能量和质量可以互换，c^2 是转换的常数。能量和质量可以互换这个观点并不是开始于爱因斯坦，牛顿和其他的物理学家也提过这个观点，不过，爱因斯坦是正确把这个公式导出来的第一人。

这个公式说，1 公斤的质量可以转变 9×10^{16} 焦耳的能量。我们知道，公斤是质量单位，焦耳是能量单位。让我用一个非常简单的例子，帮助大家了解这个转换公式的用意。如果用 R 代表人民币，用 A 代表美元，A=6R 这个公式就表示一美元可以换成 6 元人民币，6 就是转换常数。所以，$E=mc^2$ 是说一单位的质量可以换成 c^2 那么多单位的能量。你不但马上会说"我懂了"，还会说"一点的质量就会转换成很多的能量"，因为 c^2 是个很大的数字。没错，把 1 公斤的水换成能量，大约是两万兆卡路里，等于燃烧几千万公升汽油的能量，这就是原子弹和核能发电厂的基本原理。

在物理演变过程中，当两个核子合起来成为一个比较重的核子时，如果这个核子的质量小于原来两个核子质量的总和，质量的差额就会变成能量放出来，而且的确会是很大的能量。至于怎样把两个核子合起来成为一个核子，正是第二次世界大战时物理学家制造原子弹的研发过程。

爱因斯坦导引的公式 $E=mc^2$ 为我们证明了能量和质量是可一而二、二而一的。接着我来解释，为什么按照相对论，一个物体的速度不能超过光的速度。

■ 相对论的重大进展

当一个物体静止的时候，它有自己的质量；当一个物体以某个速度移动时，除了静止时的质量，也有移动时的动能，只是动能可以交换成质量。因此，移动中的物体的质量会增加，比静止时的质量要大。爱因斯坦在相对论中导出一个公式，可以算出当一个物体的速度增加时，质量会如何跟着增加。当一个物体的速度比较小时，动能也比较小，所以质量增加得比较少。举例来说，当物体速度是光速的10%时，质量只会增加0.5%。但是，当一个物体的速度越来越接近光速时，按照爱因斯坦的公式，其质量会越来越大，当速度等于光的速度时，质量会变得无穷大。对一个质量是无穷大的物体，我们没有足够的力量或者能量去提高它的速度，这就是为什么按照相对论，任何一个物体的速度不能超过光的速度。

"特殊相对论"是爱因斯坦在1905年发表的，也包括了时间和空间关系的重要结果，但是没有考虑重力的效应。11年后，爱因斯坦发表了"广义相对论"，把重力的效应包括在内。根据"广义相对论"，重力对光传递的路线有直接影响，如果把光看成一连串的波浪，那么重力对波浪的影响比较难以想象。但是，如果把光看成一连串的粒子，那么地球也好，太阳也好，都会对光产生一股吸引力。因此，当光沿着一条直线走，接近太阳或者星体表面时，按照万有引力的观点，走的路线会被重力扭弯。1916 年发表"广义相对论"后，爱因斯坦等了 3 年，到 1919 年的一次日全食，从地球上测量发现，从远方星体传过来的光线在接近太阳表面时，的确如"广义相对论"的预测被扭弯。这是对"广义相对论"的验证。

在地球上，如果我们把一个球往上抛，球会因为地心引力的缘故掉下来。如果往上抛的速度比较大，球会被抛得比较高，但最后还是会掉下来。但是，如果往上抛的速度足够大，球会被抛得很高，甚至脱离地心引力的影响，一直往外飞去，永远不再回来，这个速度叫作"脱离速度"。这就是我们在地球上发射宇宙飞船，飞船能脱离地球，前往其他行星探测的基本原理。

在地球的表面，脱离速度是每秒 11 公里左右；在月球表面，要脱离月球引力的影响，脱离速度只要每秒 2.4 公里；在火星表面，要脱离火星引力的影响，脱离速度要每秒 5 公里；但是，在太阳表面，就得要每秒 600 多公里了。脱离速度很容易算，它和星体的质量成正比，跟星体的半径成反比。所以，如果一个星体的质量增大，半径减小，脱离速度就增大。当一个星体的质量非常大、半径相当小的时候，这个星球的脱离速度会等于光的速度。因此，任何物体都不能够脱离这个星体的地心引力，因为光可以看成一连串的粒子，即使这些粒子以光的速度向外去，也脱离不了这个星体的地心引力。换句话说，在太空中，无法看到这个星体发出来的光，这就是天文物理学说的"黑洞"。宇宙里有没有黑洞呢？答案是有，而且很多。

其实，黑洞这个概念，早在18世纪已有天文学家提出。那么，如果黑洞不发光，我们在地球上如何知道它的存在呢？这可以用测量黑洞产生的重力来确定，当然天文学家还有其他的方法和技术来测定黑洞的存在。黑洞是如何产生的呢？主要是由氢气的燃烧产生。不过，这些还是留着让有兴趣的读者自己去发现吧！

时间是圆的

同时身兼麻省理工学院科学和人文教授的阿兰·莱特曼，在
1993 年出版了《爱因斯坦的梦》一书，带读者领略在不同的时间
概念下，会是怎样不同的世界。

最近我参加一个人文和科技的对谈，主持人选了一本很有趣
的好书作为对谈的导引，这本书叫作《爱因斯坦的梦》。作者阿兰·莱
特曼（Alan Lightmen，1948~）是美国麻省理工学院的教授，中文
版译者是香港中文大学教授童元方女士。这两位作者的背景和经
历反映了人文和科技的结合和交融。莱特曼在美国普林斯顿大学
主修物理，在加州理工学院获得天文物理学博士学位，然后在康
奈尔大学和哈佛大学从事天文物理学的教学和研究工作，同时也

写诗和有关人文科技的文章。十几年后，他到麻省理工学院任教，开授物理和写作课程，是该校第一位同时被聘为科学和人文两个领域的教授。不过近年来，他把时间和精力专注于写作上。

《爱因斯坦的梦》在 1993 年出版，现在已经有 30 种语言的译本。童元方教授毕业于台大中文系，随后赴美获俄勒冈大学艺术史硕士，哈佛大学哲学博士。她还是一位有名的散文家，有本散文集名为《水流花静》，副标题是"科学与诗的对话"。书中提到包括爱因斯坦、麦克斯韦、杨振宁等伟大的科学家。除了翻译《爱因斯坦的梦》外，她的另外一本译著是《情书：爱因斯坦与米列瓦》，都反映了她对文学和科学的双重兴趣和体会。

童元方教授的先生是陈之藩教授。陈之藩教授曾在北洋大学（今天津大学）读电机专业，又赴英国剑桥大学拿到电机博士学位，曾在美国休斯敦大学、波士顿大学和中国台湾成功大学担任电机系教授。同时，陈之藩教授也是一位有名的散文家，他写的《旅美小简》《剑河倒影》等都是流传很广很久的名著，多篇散文被收录在台湾中小学语文课本里。

陈之藩教授本身就在科技和人文两个领域驰骋翱翔，他和童元方教授的合作更让我们体会到人文和科技相遇时所激发的火花与灵光。陈之藩教授为童元方教授的译作《爱因斯坦的梦》写序，他说作者莱特曼在书里描述爱因斯坦所做的 30 个梦：有时是用雕刻的艺术，把时间凝成永恒的石像；有时用图画的艺术，把时间绘成缤纷的落英；有时用音乐的艺术，把时间谱成一曲悠扬的歌，唱来哀乐却不由自主。他也说童元方教授译笔的洒脱、造句的清丽、节奏的明快、对仗的自然，使人一旦开卷就无法释手。

莱特曼在书里描述了 30 个梦，都是以时间为主题。如果时间不再是我们习以为常的一分一秒，规律地、无休止地往前移动的一个坐标，而是一个圆，或者时间可能是三维的，会倒流，会凝滞不动，我们所感受到的会是怎样的一个世界？

■ 奇异美丽的一年

莱特曼选择了公认的 20 世纪最伟大的科学家爱因斯坦作为这些梦的主人翁。时间是 1905 年 4 月到 6 月这段时间，地点是瑞士的伯恩。其实，这些梦和爱因斯坦没有直接的关系，莱特曼的选择正体现了一个物理学家的灵感与幽默感。当物理学家将时间作为一个科学上的数量时，爱因斯坦是最重要的一个人。

1905 年，爱因斯坦是瑞士伯恩专利局的一位小职员，他在这一年之内写了四篇在物理学里被认为是开天辟地的学术论文，分别是关于光电效应、布朗运动、特殊相对论和质能等价。这四篇论文奠定了近代物理学的基础，引进对时间、空间和质量的崭新看法。物理学界普遍认为，这里面任何一篇论文都足以作为一个杰出的物理学家的终身成就。为了纪念爱因斯坦的贡献，物理学家称 1905 年为物理学"奇异美丽的一年"。

在古典的牛顿力学里，三维空间和时间被视为四个独立的绝对坐标，每一坐标都是根直线的轴。一个物体的位置由它在三维空间的坐标决定，两个物体间的距离则由它们在三维空间的坐标决定。时间沿着时间的轴一格一格地往前移，对所有物体而言，时间都是一致的，就像在广场上挂了个大钟，每个人都看到同样的时间。但是，爱因斯坦在他的"特殊相对论"这篇论文中指出，当两个物体的相对速度接近光速时，距离和时间都不再是绝对的，两个移动物体上的时钟，快慢的速度不再一致，这就是所谓"空间收缩""时间扩张"的概念。

假设有一对孪生兄弟，一个留在地球上，一个坐在宇宙飞船上以光速 80% 的速度飞向和地球距离 4 光年的天体再绕回来，在地球原地不动的那个兄弟度过了 10 年的时间，也就是衰老了 10 年，但是在宇宙飞船上的兄弟，却只度过了 5 年的时间，也就是衰老了 5 年，因为在宇宙飞船上时间是慢下来的。当然，我无法在此将相对论解释清楚，不过其中最重要的概念是时间并不是绝对一致的。

莱特曼也没有在书里解释"特殊相对论"的内容，他只是在时间不是绝对一致的前提下，描写不同的时间概念下的人和事，因此，他选了爱因斯坦作为小说里做梦的人。

其实，在爱因斯坦提出"特殊相对论"之前，文学家也都有相似的幻想。1819 年出版的美国小说《李伯大梦》，书里的主角有一天在野外遇到一群异人，喝了许多酒之后，在树下睡了一觉，醒过来回到村里，发现已经过了 20 年，太太已经过世，女儿也长大成人了。中国古代也有一个故事，一个上山砍柴的樵夫看两个老头儿在下棋，看完一局棋之后才发现他放在旁边的斧头木柄已经腐烂了，这就是"山中方七日，世上已千年"这句成语的典故，也是"烂柯"一词指代围棋的另一个典故，"烂"就是腐烂，"柯"就是斧头的柄。

■ 在时间是圆的世界里

在爱因斯坦的一个梦里，时间是一个圆，世界完全准确地重复它自己，永不止息。科学家用一根无限长的直线、用一个圆来描写两个不同的时间概念。文学家用奔流到海不复回的大江和深潭里的旋涡来描写这两个时间概念。

在时间是一个圆的世界里，每一次握手、每一个吻、每一次生产、每一场灾难，两个好朋友不再是好朋友的一刹那，因为钱而使家庭破碎的那一刻，夫妻争吵时候说的每一句无心、恶毒的话，每一个因为上司不公平、同事嫉妒而失掉的机会，每一个不能信守的诺言，都会分毫不改地一再重现。

爱因斯坦没有告诉我们，这个世界里的人是否知道时间是圆的。如果他们不知道的话，会跟我们一样珍惜每一刻的甜美和欢愉；如果他们知道的话，会不会更加用心让每一刻变得更美好？如果他们不知道的话，会跟我们一样为自己丑恶的语言、无礼的举动而后悔；如果他们知道的话，会不会变得更小心、更谨慎、更体谅、更宽容？当我们看到母亲看着怀里婴儿时慈祥的眼光和微笑时，当我们听到有人站在台上叫嚣和咆哮的时候，我们会很好奇，他们知不知道时间是圆的？

爱因斯坦没有告诉我们，时间的圆的直径有多大。圆的直径可能是大到一个人得活了一辈子才又重新开始，再活同样的一辈子，又再活同样的一辈子。像一台复印机，一张又一张地复印输入的原稿；像一个光驱，一次又一次地播放转盘上的音乐。你想要复印多少份？你想要反复听多少次？假如你是一个科技人，你大概会问："复印机里的原稿、光驱里的音乐，从哪里来？"在杭州的灵隐寺，有一个泉叫作冷泉，附近有一座山峰叫作飞来峰，有人写过一副对联："泉自几时冷起？峰从何处飞来？"据说，一位有名的文人还修改了这副对联，尝试回答这两个问题。其实问就够了，又何必追寻答案呢？

时间的圆的直径也可能比较小，一天 12 小时下来，一举一动都会完完整整地重复一次。再一次的倾诉，再一份的温柔，再一回的期待，再一丝的笑容，再一次闹脾气，再一次翻筋斗，醉了重醉，歌罢又歌，没有遗漏，没有缺失。对我们生活在时间是一条无限长的直线世界里的人来说，这可不正是一个清晰、彩色、完整的，没有选择的余地，没有逃避的空间，必须照单全收的梦吗？对我们来说，梦往往是朦胧的、褪色的、残缺的。但是，如果我们跳进时间是个圆的世界里，朦胧的梦会变得清晰，褪色的梦会显得明艳，残缺的梦会被补缀。我们的选择会是什么呢？

在时间是圆的世界里，梦就像数学那么精准，物理那么具体实在。但是，在时间是一条直线的世界里，让朦胧的梦依然朦胧，褪色的梦依然褪色，残缺的梦依然残缺，有一个似曾相识的梦，何尝不是美梦？

■ 当时光总是倒流

在爱因斯坦的另外一个梦里，时间是倒流的。一个熟透、暗褐色的桃子，从垃圾堆里拿出来，放在桌上，它变红了，再变硬了，装回购物袋里，送回超市的货架上，放回批发商的大匣子里，用大卡车载回山上，回到开满粉红桃花的树上，时光在倒流。

一个中年男子从斯德哥尔摩的一个礼堂的舞台上走下来，手里拿着奖章，他和瑞典皇家科学院院长握手，接受瑞典国王颁给他的诺贝尔物理学奖，聆听委员会对他的成就所做的光荣赞颂。他想了一下，知道未来20年之后，会在一间狭小的屋里用纸张和钢笔夜以继日地孤独工作。他会在许多错误的关头尝试，写着长串的做不出来的方程式和逻辑推演的稿纸塞满了废纸篓。时光在倒流。

在时间是倒流的世界里，腐烂的桃子变成璀璨的桃花，学术的尊荣变成寂寂无名的忍受、贫穷苦读的努力，死亡的哀伤变成初生的喜悦，破碎的婚姻变成花前月下的海誓山盟。但是，将退休的小学校长变成被天真可爱的小学生围绕着、刚从师范大学毕业的试用老师，骑着摩托车的老邮差变成背着重重一大袋邮件挨家挨户送信的小伙子，月亮依然冷冷地挂在天边，星星依然不停地闪烁。时光在倒流。

对有些人来说，未来和现在大不相同；对有些人来说，未来和现在还是相去不远。爱因斯坦没有告诉我们，在时间倒流的世界里的人能不能够记得、知道已经发生体验过的未来，知道所有的爱和恨、恩惠和亏欠、光荣和羞辱、健康快乐和疾病痛苦。不再期待，不再疑虑，不能改变，也不能逃避。在时光往前奔流的世界里，过去的记忆变成在时光倒流的世界里对未来的憧憬。好的记忆力带来死板的未来；不好的记忆力倒为未来留一点想象的空间。

晚唐诗人李商隐的《锦瑟》里有两句"此情可待成追忆，只是当时已惘然"。这两句诗的解释是，现在已经体会到这份不一定要到未来才再回头追忆的心情。可是，在过去的当时，却只是一片迷惘而已。我想，在时光倒流的世界里，这两句诗该怎样解释？

再探爱因斯坦的梦

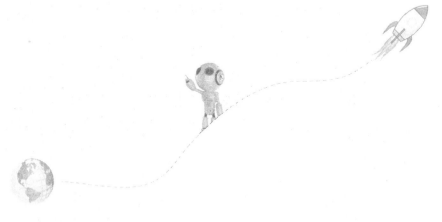

如果，时间像水流；

如果，一生只能活一天；

如果，没有什么会发生……

　　在爱因斯坦的一个梦里，时间像水流，在宇宙里，一缕飘过的微风，一棵晃动的小草，会让时间小河的一个支流轻轻地倒流，此时，正好卡在支流里的土石、鸟和人会发现，他们突然间被带回到过去。

　　被带回到过去的人是很容易辨认的。他们穿着深色、没有特征的衣服。他们踮着脚走路，不发出一丝声响，不敢踩弯一棵小草，踏碎一片树叶。他们不会说话，只是喃喃细语，发出受折磨的声音，因为他们很痛苦，知道马上要发生的事情，却无法参与。他们惶恐甚至畏惧，就怕改变已经发生了的过去，为未来带来不可预测的结果。他们羡慕那些生活在自己时间里的人，那些人看不到未来，不知道后果，可以单凭自己的意念行事。

这些来自未来的悲惨的人，到处可以看到，他们躲在屋檐下、地窖里、桥底下和荒野里，虽然他们知道未来的婚姻、生育、名声、财富等情况，但是没有人问他们这些事。相反地，人人同情他们，由他们自生自灭。

住在乡下垂老的父亲和母亲看着在异乡打拼的儿女；被生活压得喘不过气的父亲和母亲看着被上课、补习、考试牢牢套住的小孩；刚刚庆祝过 45 周年结婚纪念日的夫妻看着热恋中的情侣；退休的老教授看着刚从国外回来任教的洋博士；已被辞退多年的棒球教练天天注意美国大联盟春季训练的消息；过气的政治人物看着正如火如荼进行的选举活动。他们都是从倒流的时光支流里被带回来的旅人。他们穿着陈旧不合时宜的衣服，知道在异乡打拼的挑战和辛苦，有人衣锦还乡，有人流落不回；他们知道考试在孩子的学习和成长中加了多少分、减了多少分；他们知道爱情的甜美和痛苦；他们知道在学术界、体育界以及任何一个领域里，成功需要的代价和挫折带来的沮丧。

■ 回到美好的过去

也许，他们是来自过去的人，也许，他们也都是来自未来的人，他们蹲在一个阴暗的角落默默地看着，到底是谁在挂念谁？谁在为谁担忧？

陶渊明有一篇文章《桃花源记》，描写东晋太元年间，一位住在武陵的渔夫有一天在河上捕鱼，"缘溪行，忘路之远近；忽逢桃花林，夹岸数百步，中无杂树，芳草鲜美，落英缤纷"。桃花林和小溪的尽头有一座小山，从山洞通过，"土地平旷，屋舍俨然，有良田美池桑竹之属。阡陌交通，鸡犬相闻"，一片升平安定的景象。当地人看到渔夫，大吃一惊，邀请他回家，杀鸡设酒款待他。原来他们的先人在秦代到此地避难，就不再离开，完全和外界隔绝了。他们也不知道秦朝之后，汉、魏晋等各朝代的变换。渔夫住了几天想要回家，他们告诉渔夫，回去后不要告诉别人这里的情形——"不足为外人道也。"渔夫在回家的路上，处处留了标记，可是，他后来按着标记想再回到这个地方，却再也找不到这世外桃源了。

这条小溪，不正是时光倒流的支流？这个支流把武陵渔夫带回过去，回到秦朝时代的过去，可是他没有留下来，也许他也留不下来。反正，当他离开了过去，回到现实，过去也离他而逝了。

王维按照陶渊明的故事写了一首很美的诗《桃源行》，开始是"渔舟逐水爱山春，两岸桃花夹古津。坐看红树不知远，行尽青溪不见人"，当他遇到当地人时，"居人未改秦衣服"——他们的穿着还是秦朝时的打扮；当地人过着安静平和的生活——"月明松下房栊静，日出云中鸡犬喧"，"平明间巷扫花开，薄暮渔樵乘水入"。至于他们怎样来到这个地方呢？"初因避地去人间，及至成仙遂不还。峡里谁知有人事，世中遥望空云山。"武陵渔夫想先回家看一看，只是他回家之后再也找不到回来的路了——"不疑灵境难闻见，尘心未尽思乡县。出洞无论隔山水，辞家终拟长游衍。自谓经过旧不迷，安知峰壑今来变。"最后，当武陵渔夫想重觅旧游之地时，他按照标记去找——"当时只记入山深，青溪几曲到云林。春来遍是桃花水，不辨仙源何处寻。"能够在时间倒流的支流里再一次体验美好的过去，即使是短暂，即使不能重复，何尝不是一种美好的经历？

■ 一生只像一瞬间

在爱因斯坦的一个梦里，世界上的人只会活一天。也许，因为人的心跳和呼吸的速度都加快，所以，整个一生就压缩在地球的一次自转里；也许因为地球的旋转慢了下来，慢到一次完全的自转就占去了一个人的一生。两种解释都可以，也都对。

　　有些人永远不会看到盛开的樱花、随风的柳絮；有些人永远看不到深秋的黄菊，听不到秋虫的低鸣；有些人永远看不到寒风中的蜡梅，感觉不到落在脸上的雪花，听不到靴子踏在新雪上的瑟瑟声响。对他们来说，红杏枝头春意闹、仲夏夜之梦、金风玉露一相逢、晚来天欲雪，每一天都已经是生命的全部。有的人一生鸟语花香，有的人一生汗流浃背，有的人一生天高气爽，有的人一生风雪交加；只能从书本里读到四季的变化，从来没有机会亲身体验。

　　在这个世界里，人的一生完全凭光而定。在黄昏出生的人，前半生是在夜间度过的，因此学会了在室内操作的行业，例如织布和制表，他们读很多的书，变成了知识分子，他们吃得很多，惧怕屋外茫茫的黑暗。在清晨出生的人，学会了在户外从事的行业，例如耕种和建筑，他们身体强健，逃避书本和用脑力的事情；他们开朗而有自信，什么都不怕。每个人的一生都毫无选择地被分成两半：一半是光明，一半是黑暗；一半是温暖，一半是冷酷；一半是动态的，一半是静态的；一半和别人群聚一起，一半自己独处。每个人都无法选择哪一半在前、哪一半在后，先明后暗还是先暗后明。

　　在我们的世界里，有人含着银汤匙出生，却老来贫困无依；有人出身卑微，老来金玉满堂；小时了了，大未必佳；埋头苦读，终于扬名立万；学了工程，却当上大导演……醉会醒，梦难永，痛易消，伤可疗，缘只有半生，爱可能永恒吗？

在人的一生只有一日的世界里，没有时间可以由人挥霍浪费，上学、恋爱、婚姻、事业、终老，所有的人生阶段都必须在日夜一次循环、晦明一次的交替中完成。如果人们在街上相遇，推一推帽檐算是打招呼，接着就匆忙向前走了；如果人们在某人的家里相见，礼貌地询问彼此的健康，然后就各管各的了；如果人们在咖啡馆相聚，神经紧张地盯着阴影的移动而不敢久坐。时间太宝贵了，一生只像一瞬间。

在我们的生命里，有一百个春天、夏天、秋天和冬天，有三万个白天、三万个晚上，可是，多少人还是觉得时间不够。吃饭时，狼吞虎咽；旅行时，走马看花；读书时，囫囵吞枣；看电视时，不断转台。他们说："等这几个月过去，等这个计划完成，等到我退休，自然会有足够的时间慢慢地、细细地欣赏、享受我的人生。"但那是比别人多了三万倍的人生啊！

在爱因斯坦的另外一个梦里，时间在消逝，可是没有什么会改变、会发生。老朱又带着他的太太从美国回到中国了，他和小李是三十多年前的大学同学，老朱在美国一个小城的大学里教书，小李是政府机关里的一个公务员，他们每年都会在美国或中国聚会一两次。

大家都胖了一点，头发白了些，每年的体检报告数字都差不多，小毛病总有一些，医生一直说没有什么关系，营养药丸每天都吞，高尔夫球的功力始终没有破百。在大学里，教书、写论文；在机关办公室里，批公文、看报纸，驾轻就熟；升官的机会是零，工作的压力也是近乎零，的确没有可以抱怨的地方。晚上不必把工作带回家，在电视前面打瞌睡；美式足球超级杯每年都带来一阵狂热，星光大道的小伙子们还是一样蹦蹦跳跳。孩子们都长大离家，过得还不错，偶尔会打个电话回家，也没有特别的事报告。今天馆子里的饺子味道还不错，虽然口味似乎咸了点，价钱也微升而已；男人的西装和衬衫穿了多少年也不会破，更不必讲究什么是流行的款式。30年了，老朱、小李和他们的太太都没有改变多少。

在每一家餐馆、每一所房子、每一座城市，情况都一样，因为在这个世界里，虽然时光流动，却没有什么事真的发生。天天、月月、年年过去了，却没有什么事真的发生。是时间流得太慢还是人和事的确都没有改变？如果一个人在这个世界里没有雄心，他是不知不觉地在受苦；如果一个人很有雄心，他是有知有觉地在受苦，只是很慢、很慢。

在这两篇文章中，我为大家介绍了爱因斯坦的几个梦，这些描述有些是从童元方教授的中文翻译本中抄过来的，有些是我加进去的，还有些是我模仿原作写的。

希望这个开端能引导大家去探索"爱因斯坦的梦"。

PART 2

说 地

阿基米德的顿悟

用别人没有想到的方法，

看到别人没有看到的东西，

想到别人没有想到的道理。

一般人都同意，"发现"就是看到、找到别人没有看到、找到的东西或现象。但是站在科学的立场，这个说法有些笼统。光是观察到某些现象往往是不够的，还必须了解这些现象的来龙去脉、前因后果。也许这些观察到的现象验证和解释了已经建立起来的理论，也许这些观察到的现象会导引到新理论、新应用和新问题。

一个很好的例子是，几千年来大家都看到"树上熟了的苹果

会往地上掉"的现象，可是直到 17 世纪末才由牛顿提出万有引力
定律，不但解释了熟苹果垂直往地面掉、宇宙间天体运行和潮汐
涨退的现象，也引导出 20 世纪爱因斯坦广义相对论的发展，弥补
牛顿引力定律不完备的地方。所以，从科学角度来定义"发现"，
就是"看到别人都看到的东西，但是想到别人没有想到的地方"。
其实，这个定义不也可以应用到文学家、艺术家的创作上面吗？

此外，我还得再做个延伸。今天的科学工作包括了原子和分
子的极小世界，也涵盖了银河和黑洞的极大世界。能够看到别人
看不到的东西也是重大的发现，粒子加速器、电子显微镜、探索
太空望远镜都是例子。所以，科学发现的更完整定义应该是"用
别人没有想到的方法，看到别人没有看到的东西，想到别人没有
想到的道理"。至于科学发现的基本条件，则是充分的准备和不
断的努力，不要相信偶然。然而，往往一点意外、偶然的启发会
引导我们更细心地看、更深入地想，因而得到许多新的重要结果。
科学领域里有很多这类例子，以下先跟大家分享几个小故事。

■ 国王的难题

阿基米德是公元前 3 世纪古希腊非常有名的一位数学家、物
理学家和工程师。某一天，国王给他出了道难题。国王拿了两公

斤的纯金交给工匠，请他打造一顶皇冠。皇冠拿回来的时候，金光闪闪，质量也正好是两公斤。可是，国王怀疑这个工匠偷用银和铜取代部分金子掺在皇冠里，于是要阿基米德帮他找出真相。

若从皇冠的光泽和质量来看，实在难以做出判断。这个问题的关键在于，金比银、铜重，金的密度是 19.3 克 / 立方厘米，银的密度是 10.5 克 / 立方厘米，铜的密度是 8.9 克 / 立方厘米。倒过来说，如果有两顶皇冠质量都是两公斤，那么用金打造的皇冠体积比较小，银皇冠体积较大。两公斤的金体积是 104 立方厘米，两公斤的银体积是 190 立方厘米，阿基米德只要把皇冠的体积算出来，工匠有没有偷金子的答案就立见分晓。

问题又来了。一块方正的金块，体积很容易算出来，皇冠有棱有角，还有雕花，该怎么算出它的体积呢？阿基米德想了好久都没有得到答案。有一天，他到公共浴室洗澡，踏进澡盆的时候，看到盆里的水往外溢，灵感就来了。浴盆里溢出的水的体积，不正是浸在浴盆里的身体部分的体积吗？换句话说，他的身体把浴盆里的水挤到盆外，挤了多少呢？正是他身体那部分的体积。所以，阿基米德只要找一盆满满的水，把皇冠放进去，量度溢出来的水的体积，就是皇冠的体积了。

阿基米德高兴得不得了，衣服都忘记穿，光着身子就从公共浴室往外冲，在街上裸奔大叫："我找到了！我找到了！"正是我们常说的"踏破铁鞋无觅处，得来全不费工夫"。

宋代词人辛弃疾有首《青玉案》，其中有几句最脍炙人口："众里寻他千百度，蓦然回首，那人却在灯火阑珊处。"意思是，在人群里千方百计去寻找一个人，突然回头，原来这人正在灯火稀落的地方。意境真美。

网络上有个大家常用的搜索引擎——百度，名字就是出于"众里寻他千百度"这句话。

王国维在《人间词话》里也引用了辛弃疾的这个句子。王国维说，要在学问上、事业上成功必须经过三个阶段，分别有三句词来描写。第一个阶段是晏殊写的"昨夜西风凋碧树，独上高楼，望尽天涯路"，说的是做学问、做大事业必须要站得高、看得远，有崇高的理想和目标，这往往也是一条孤独的路。第二个阶段是北宋词人柳永写的"衣带渐宽终不悔，为伊消得人憔悴"，是说不怕困难、不怕辛苦，牺牲投入，毫无怨言。第三个阶段是南宋词人辛弃疾写的"众里寻他千百度，蓦然回首，那人却在灯火阑珊处"，不正是阿基米德大声呼叫的"我找到了"吗？

前面提到金子的纯度，我再做些补充。我们常说24K金就是纯金，18K金和14K金代表不纯且纯度不同。K这个字母来自 Karat：24K金是100%的纯金；18K金是18被24除——75%的纯金；14K金是14被24除——58%的纯金。

　　Karat 有时候也拼成 Carat，但 carat 又有另一个意思，代表质量单位 0.2 克。所以当我们谈到钻石或其他宝石质量的时候，会说那是 6 克拉（carat），其实就等于 1.2 克。

　　阿基米德用他的方法发现皇冠体积比两公斤纯黄金的体积要大，国王因此断定那个工匠的确偷工减料，而予以严厉惩罚。阿基米德的故事还没有结束，理论上来说，前面讲的都对，但是从实际来看，尤其在三千多年前，实验能不能做得这么精确？首先，我们要把盆子里的水加到满，不差一滴；再来，要把溢出的水全部搜集起来，不能流失几滴到地上。假如工匠在两公斤的金子里只偷了 10 克黄金，换成 10 克的银子，体积只增加 0.43 立方厘米，也就是只溢出来 0.43 毫升的水，实在很难精确算出。相信很多人曾经听过阿基米德的这个故事，但你注意到这个细节了吗？

　　阿基米德在浴盆洗澡时发现，任何物体只要放在水里，该物体排开的总水量就是物体的体积。事实上，大家在高中时都听过的阿基米德原理，还有重要的下半段，就是当物体放在水里时，水会对物体产生一个向上推的浮力，浮力等于物体排开的水的重量。举例来说，两公斤的皇冠体积是 104 立方厘米，放在水里，会排开 104 立方厘米的水，水的密度是 1 克 / 立方厘米，104 立方厘米的水，质量就是 104 克，所以浮力就是 104 克。因此，当我们用秤称量皇冠在水里的质量时，结果就是：

2000 克 -104 克 =1896 克

浮力正是让一个软木塞、一个气球、一艘船可以漂浮的原因。当一艘船的下半部在水里排开的水的质量等于整艘船的质量时，船就可以浮起来了。如何利用浮力来判断皇冠里有没有掺银呢？方法是拿一块两公斤重的纯金和皇冠吊在天平两端，当两者质量相同时，天平就是平衡的。当你把天平两端的金块和皇冠放进水里，如果两者体积相同，浮力就会相同，天平还是保持平衡；如果皇冠体积较大，浮力也会比较大，天平就会失去平衡。

谈到水的浮力，我想顺便提一提三国时代曹冲的故事。曹冲是曹操的儿子，他是个神童。曹冲 5 岁时，孙权送给曹操一头象。曹操想知道这头象有多重，但是上哪儿找那么大的秤呢？曹操的手下都想不出办法。这时曹冲说，先把大象放在小船上，把水到达船舷的水位记下来，然后把大象拉回岸上，再往小船里放一块块的石头，当水到达船舷的水位和大象在船里的一样时，就表示在两个情形下，水的浮力是一样的，那么石头的质量就等于大象质量。这个故事虽然广为流传，国学大师陈寅恪却对故事的真实性提出了质疑。他说，曹冲死的那年，孙权只占有今天的江苏、浙江、安徽一带，在当时那一带没有大象，直到几年后，孙权派人到越南、广西一带做官，才可能从那边带回一头象送给曹操。所以，即使是讲故事也不能信口开河。

　　不久前，有网友指出在电影《赤壁》里，孙权的妹妹孙尚香跟诸葛亮请缨上阵时说："天下兴亡，匹女有责。"这句话是从"天下兴亡，匹夫有责"来的，但这是一千多年后明朝顾炎武讲的话，怎么会在三国时代就出现？治学不够严谨，笑话就出来了。

■ 树皮磨出救命药

　　接下来，要讲讲发现疟疾药的故事。疟疾是一种可怕的传染病，即使在医疗技术非常发达的今天，每年还是有几百万人死于疟疾。在中国大部分地区，疟疾已经绝迹，不过在非洲、南美、东南亚的部分地区，疟疾还是传播非常广的传染病。虽然目前已有治疗疟疾的药，但尚未找到防治疟疾的疫苗。疟疾源自一种寄生病原虫，经由蚊子叮咬，进入人的血液里，在肝脏里潜伏繁殖，再回到血液中。因此蚊子叮咬了疟疾病人，又会把疾病传播开来。疟疾的症状是每隔一到三天，周期性地发热、发冷，就像在烤箱和冰窖里循环一样，其他症状还有呕吐、头疼、发抖等。

　　最早被发现有效治疗疟疾的天然药物是从一种生长在南美洲的金鸡纳树的树皮中提炼出来的金鸡纳霜（也叫作奎宁）。传说在南美洲的一个印第安人感染了疟疾，发着高烧，口渴得不得了，他在树林里发现一个小池塘，就赶快低头去喝池塘里的水。他觉得水很苦，也知道这种苦味是来自旁边金鸡纳树掉在池塘里的树皮，原本他们一直以为金鸡纳树皮有毒，他以为自己会中毒而死，结果不但没死，疟疾也被治好了，这个消息在当地逐渐传开。17世纪初，传教士把金鸡纳霜带回欧洲，不但将英国国王查尔斯二世的儿子和法国国王路易十四的儿子的疟疾都治好了，连清朝的康熙皇帝也因服用了法国传教士带到中国的金鸡纳霜，把疟疾治好了。

起初，大家只知道把树皮磨成粉来服用。到了1820年，化学家才成功地把树皮中的金鸡纳霜提炼出来，1908年才真正确定了金鸡纳霜的化学结构，1944年，才在实验室里成功地制成了人工金鸡纳霜。

在世界史中，金鸡纳霜也扮演过重要角色。第一次世界大战时，德国人没有金鸡纳树，所以非常努力地制造出金鸡纳霜的人工替代品。第二次世界大战时，美国、日本在东南亚战争期间，也因为日本控制了金鸡纳树，美国军队只好每天都服用人工合成的金鸡纳霜替代品。当时，日本电台的一个广播员"东京玫瑰"用广播搞心理战，让美国士兵不要吃那些药，吃多了皮肤会变黄，也会失掉男性的能力。据说，的确有许多美国士兵真的不吃。据当时的一个统计数据，当美军在新几内亚登陆时，有95%的人患了疟疾。

　　喝鸡尾酒的人都知道有种大家很喜欢的金汤力（Gin and Tonic），就是杜松子酒加上奎宁水，奎宁水味苦，因为它含有金鸡纳霜。一个不可靠的传说是，19世纪，英国在印度的官员天天都喝这种酒，所以有抵抗疟疾的能力，身强体壮，因此能够长期在那儿管辖统治当地百姓。

科学中的偶然

有时，一点意外、一个偶然的启发

会引导我们更细心地去看、更深入地去想，

最后得到重要的发现和结果。

　　大家都知道，很多疾病都跟外来的微生物有关，这些肉眼看不见的生物跑进我们的身体里作怪。考古学家发现，远在三四十亿年以前，世界上已经有单细胞的微生物了。随着科学文明的进步，科学家从疾病的传染、食物的腐烂、葡萄变成红酒、牛奶变成奶酪等现象，推想到微生物的存在，直到 1675 年荷兰科学家列文虎克（Antonie van Leeuwenhoek，1632 ~ 1723 年）在显微镜底下观察到微生物的存在，才正式开启了相关的一系列发现和研究。

　　微生物有不同的形状和大小，从几微米到几十纳米不等。微生物可以分成若干类，包括细菌、霉菌、病毒。地球上有很多微生物——约1030种那么多。许多微生物对地球生态环境的平衡、食品和饮料的制造（例如发酵、酿酒、污水的处理）以及生物技术上的应用都有正面的功能。人类身体里也有许多微生物，大部分都能跟人类和平共存，特别对消化系统来说，有帮助消化的功能。但是，许多外来的微生物也是让我们生病的源头。

　　在古老的年代里，人类以为疾病是在体内自动发生的。约150年前，科学家才建立起疾病和外来微生物的关联性，其中，肺病、破伤风、伤寒、白喉都源自细菌的入侵，伤风、感冒、天花、艾滋病都源自病毒的入侵，有些呼吸系统和皮肤的疾病则源自霉菌的侵扰。

　　细菌和病毒的不同之处在于病毒比细菌要小10 ~ 100倍。普通医学上用的过滤器滤孔很小，可以过滤隔离细菌，但是病毒实在太小，还可以通过滤孔，所以病毒又被称为"滤过性病毒"。另外，病毒不能单独存在，必须依附在一个细胞上才能生长、繁殖，所以在微生物学的分类中也有个观点，不把病毒列在微生物之内，因为它没有独立成长的能力。因此，当病毒附在人体细胞的时候，直接用药物杀死病毒是相当困难的，因为这也会杀死病毒所依附的细胞。

■ 为疫苗接种奠定科学基础

当身体因外来入侵的微生物而生病时，我们可以靠药物把这些微生物消灭或者抑制它们的生长。问题是，什么药才有效呢？当然，我们也可以依靠自身的免疫力来抵抗消灭它们。问题是，如何激发加强身体里的免疫功能呢？

首先，我来解释一下身体的免疫功能。免疫指的是抵抗入侵的外来微生物，免疫功能有先天和后天之分。先天免疫功能可说是第一线防御，是与生俱来的能力、一般性的反应，而非针对某种特定微生物，例如，人的皮肤、鼻毛、呼吸道和食道中的黏膜，就像城墙一样把想要入侵的微生物挡住，借由流眼泪、咳嗽和打喷嚏将想要入侵的微生物驱走。发炎则是通过身体里的白细胞和其他化学物把外来微生物破坏消除，这些都是身体的先天免疫功能。先天免疫功能是没有记忆力的。换句话说，每次外来微生物入侵时，身体都会有重复一致的反应。

后天免疫功能只是脊椎动物才有，是在出生后才建立起来的功能（包括从母体传到胎儿的免疫功能）。后天免疫功能对特定微生物有辨别和防御的能力，也有记忆的能力。换句话说，当身体再遇到曾经感染过的细菌或病毒时，就知道该如何抵抗这些细菌、病毒，这正是使用防病疫苗的基本原理。远在两千多年前，古希腊人就注意到，得过某些病的人康复后就不会再患这些病，当然那时他们不知道原因。其实，这就是病人身体里的后天免疫功能，因为已经患过这些病而建立起来了。今天，疫苗的接种就是将微量的细菌或者病毒，经由口服或者注射，先在身体里引起轻微反应，再建立身体的免疫功能。

依照医学历史的记载，五六百年前，印度和中国就已经用这种概念来防治天花。不过，真正将这个概念落实、广泛应用，使天花在地球很多地区完全绝迹，则是源自 18 世纪英国医生爱德华·琴纳（Edward Jenner, 1749 ~ 1823 年）的偶然发现。琴纳 39 岁时，有位在牧场挤牛奶的女工跟他说，自己曾经染过牛痘病，所以她不会受到天花的传染。当然，现在我们已经知道牛痘病是源自一种病毒，这种病毒会让牛的皮肤长出水泡，在挤牛奶的过程中病毒传到挤牛奶的工人身上，使他们染了牛痘病，也因而建立了对天花的免疫功能。

琴纳后来到伦敦学医时，天花是非常可怕的流行病。琴纳一直没有忘记，牛痘病患的水泡里的液体有防御天花的可能。于是，他把挤牛奶女工手上水泡里的液体注射到一个八岁的小孩身上，正如琴纳所料，这个小孩没有染上天花。这个八岁的小孩是琴纳家园丁的儿子，为什么他的父母愿意让自己的儿子冒这个险? 也许，那时天花是种极具危险性的传染病，冒这个实验的危险是值得的。

这次的实验成功后，琴纳等了两年才有机会再做另一个实验，证明他的观察是正确的，并且正式公布结果。那段时间，牧场里没有牛痘病发生，而琴纳还要面对其他挑战——其他有名医师的严厉批判和反对。有一位医生说他也知道怎样接种疫苗，但因为缺乏了解和经验，当他把疫苗接种到人体时，引起严重的不良反应。结果，琴纳证明他接种的疫苗是受污染的。最后，琴纳还是得到全面的认同。

琴纳用牛痘病的病毒作为防治天花的疫苗的发现，为疫苗这个领域打开了一扇大门，奠定了一个基础。在结束这个故事前，我再跟各位分享几点结论：

第一，把外来东西引入身体以防治疾病的概念，远在五六百年前的中国和印度都已经尝试过，人们把天花水泡结成的痂皮磨成粉，洒在伤口上来治疗天花。不过，能够把牛痘病和治疗天花联系起来，是源自挤牛奶女工给琴纳的提示。

第二，从琴纳开始，医学和科学上的研究发明了许多对人体和其他动物疾病的防治疫苗，使得许多过去曾经非常危险的传染病，如今已几乎绝迹。今天，在医疗技术发达地区，一个初生的婴儿得接种十几种防治疫苗。尽管如此，仍有很多疾病，包括伤风、艾滋病，都尚未找到有效的防治疫苗。

第三，有关接种疫苗仍有不少争议，特别是安全性方面的考虑。

疫苗的接种会不会引起原来没有或者潜伏的疾病？例如，疫苗接种和自闭症有没有关联是个争议不断的问题。费用也是个考虑因素，假如某种疾病已差不多完全绝迹，我们值不值得花大量经费再来推行疫苗的接种？

■ 眼泪来得正是时候

前面提过，当身体受到微生物入侵时，我们有两个应对办法，一是用药物直接消灭或者抑制微生物生长，另一个是用药物激发人体里的免疫功能。后者可说是因为琴纳防治天花的发现，为疫苗接种这个领域奠定了最重要的科学基础。至于前者的方法，应该归功于苏格兰生物化学家亚历山大·弗莱明（Sir Alexander Fleming，1881～1955年）发现的青霉素（又称盘尼西林），从而为抗生素的发展奠定了最重要的科学基础。抗生素就是消灭或者抑制细菌生长的药物。远在2400年前，中国人已经知道发霉的豆腐有消炎作用，古埃及和古希腊也有类似的医疗方法，当身体受到外来细菌侵袭时，会用药物来予以消灭。我们在前面提过，因为入侵人体的病毒会附在我们身体的细胞里，抗生素没有办法去消灭它们。

弗莱明是位医师。有一次他伤风的时候，在实验室用鼻涕培养了一些细菌，他一不小心把眼泪滴在培养细菌的浅碟里。第二天，他发现浅碟中被眼泪滴到的细菌都被消灭掉了，他因此发现眼泪和唾液含有某种会杀菌但不会伤害人体的酵素。据说，为了证实这个结果，他和实验室的助理一连几周都用柠檬皮来揉眼睛，以制造足够的眼泪供实验使用。可惜，这种酵素的杀菌能力并不强。不过，这个偶然引导他发现了青霉素。

几年后，当弗莱明在实验室培养一种会使人体发炎的葡萄球菌时，因为忘记用盖子盖住培养细菌的浅碟，让一小片霉菌（也许是来自发霉的水果或面包）掉到浅碟里，当他看到霉菌附近的细菌完全被消灭掉的时候，曾在眼泪中找出具有杀菌功能的酵素的经验让他联想到霉菌也可能有消灭细菌的功能。果然，他发现的这片霉菌是一种青霉素，具有消灭葡萄球菌的功能，也因而打开了医学上"霉菌可以消灭细菌"这个研究方向的大门。

这个故事里有几个偶然。首先，实验室的窗子没有关好，他又忘了把浅碟盖子盖上，让一小片霉菌掉进碟子。其次，不同的霉菌何止千万，不同的细菌何止千万，刚好这片霉菌有消灭这种细菌的功能，因而让弗莱明有了"霉菌可以消灭细菌"这个重要的发现。其实，远在古埃及古罗马时代也有用发霉的面包消炎的记录，不过，来龙去脉却是经弗莱明的发现找出来的。最后，如果没有几年前眼泪掉在浅碟里的经验，也许弗莱明就不会联想到霉菌可以消灭细菌。

之后，弗莱明又确定了这片霉菌是种青霉素，也证明了从青霉菌提取出来的青霉素对人体没有毒性，因此可以用在人体上来消灭细菌。只可惜，他没有成功地找出从发霉物中提炼大量高纯度青霉素的方法，因此没有办法做更多的实验。直到十几年后，两位牛津大学的科学家确定了青霉素的化学结构，也找出了经由发酵过程制作提炼大量高纯度青霉素的方法。1945 年，他们三个人获得了诺贝尔医学奖。在第二次世界大战中，青霉素治好了许多伤员。接着，药学上的研发也引进了很多相关的抗生素。抗生素不但有治疗人类疾病的功能，在农业、畜牧、食品、工业上也有许多的应用。

在偶然的情形之下，琴纳打开了疫苗接种这个领域的大门，弗莱明则开启了使用抗生素来消灭细菌的大门。真是太美妙了！

花粉、染料、抗生素

科学发现，不仅需要深入地思考，

同时，也要留心摆在眼前的明显事实。

　　用"接种牛痘来防治天花"的基本概念是，用小量的细菌和病毒引起身体的轻微反应，进而建立起身体的免疫功能，当细菌和病毒再次入侵时，身体就不会有严重的反应了。然而，人体是复杂而奇妙的，有些东西包括食物、药品、花粉、蜜蜂等昆虫的叮咬，当它们第一次和身体接触的时候，的确没有引起什么不良反应，不过有些人的免疫系统却会对这些东西过度敏感，当这些物质第二次入侵时，身体就会有过度的反应，呼吸、消化循环系统都可能有强烈的反应，甚至导致死亡，这就是过敏反应。

过敏反应是法国医生查尔斯·罗伯特·里歇（Charles Robert Richet，1850～1935 年）在偶然间发现的，他因此在 1913 年获得诺贝尔医学奖。在颁奖典礼上，他说："这个发现，就是来自深入的思考。只不过是由一个简单、近乎意外的观察引发的。我唯一的贡献就是，没有忽视摆在眼前的明显事实。"有一天，他和摩纳哥的皇子搭游艇出游，皇子建议他去研究僧帽水母放出来的毒素。因为他找不到那种海生动物，所以就以海葵代替，把它放出来的毒素注射到狗身上。这种毒素作用很慢，几天之后才会发挥作用，而且因为毒素不够强，有些狗几个星期后就复原了。于是，里歇再次用这些狗来做实验，结果一件意想不到的事情发生了。当他只把微量的毒素注射在这些狗身上的时候，狗的反应非常强烈——呕吐、失去知觉、窒息，甚至死亡。为什么这些狗在第一次被注射大量毒素时没有死，却在第二次注射了少量毒素后死亡？

■ 里歇大发现

对此，里歇观察出三种结论：首先，第二次接受毒素注射的狗的反应远比第一次强烈；其次，再度接受毒素注射的狗的反应和第一次的反应不同，这些狗的整个神经系统迅速受到严重破坏；最后，两次注射要相隔三个星期的潜伏期。

里歇的观察打开了医学对过敏反应研究的大门。大多数的人被蜜蜂叮、吃了花生、呼吸到花粉、使用青霉素都没事，花生、花粉这些明明都是没有毒的东西，却让少数人在第二次接触时，产生非常强烈的反应，因为这些东西激发了他们身体免疫系统的过度反应。不过我得指出，有些药像青霉素，第一次使用的时候，就会有强烈的反应，得小心注意。

相信很多人都受过或者还在忍受花粉过敏的痛苦，这就是身体免疫系统过度反应的结果。医学上对花粉敏感有两个应付的办法，一个比较治本的办法是，医生把背上皮肤分成几十个小区域，在皮肤底下注射几十种不同花粉，找出身体对哪种花粉敏感，然后逐渐地把这些花粉注射到身体里，让身体建立起抵抗这些花粉的能力。另一个比较治标的方法，就是服用"抗组胺（Antihistamine）药"，身体对外来物过敏的反应，会过量地释放出一种"组胺"，导致呼吸不顺畅、打喷嚏、呕吐等症状。"抗组胺"就是用来压抑身体里"组胺"的释放。直到今天，医学上对身体过敏反应的很多了解，都是源自里歇的发现。

弗莱明发现青霉素的时间大约在20世纪二三十年代，包括他在内的很多人都是从天然物质里提炼出杀菌的抗生素。差不多同一时间，德国科学家格哈德·多马克（Gerhard Johannes Paul Domagk，1895 ~ 1964 年）正在设法用人工合成的化学物来灭菌。

　　1932 年，多马克在一家很大的染料公司从事研究，想找出染料有没有杀灭细菌的功能。为什么会是染料呢？他们发现，某些染料染在毛料上会和毛料紧密地结合，而毛料是由蛋白质构成的。既然这些染料和蛋白质分子能够紧密结合，细菌也是蛋白质的分子，那么这些染料是不是可以把细菌包起来杀灭，或者抑制它们的生长呢？

　　首先，多马克在白老鼠身上做实验，发现这个想法是正确的。据说后来他自己的女儿受到感染，发炎病重，他也用这种染料把女儿治好了，所以公司就申请了用这种染料作为杀菌剂的专利。为什么这种染料有杀菌功能呢？ 1935 年，在多马克发表他的研究结果，并且和他的公司成功申请专利后，法国的一对夫妻档科学家发现，有好几种同类的染料都有杀菌功能，而且这几种染料的分子，有一半不同，另一半却完全一样。因此，他们推想这些染料相同的那一半分子是有杀菌功能的，另外不相同那一半分子则没有。最后，他们证明了这个推想是对的，这就是磺胺类药物的起源。这个结果也解释了他们观察到的一个现象，这些染料在人体或动物身体里有杀菌的功能，但在人体或者动物身体外却没有，原因就在于这些染料到了人体中会被分成两半，磺胺类分子那半就发挥了杀菌的功能。多马克在 1939 年获得了诺贝尔医学奖。

　　接着我要讲跟糖尿病有关的故事。远在一两千年前，希腊、

印度、中国、埃及、波斯等地方的人已知道糖尿病，并且观察到
它的病症是口渴、常常觉得肚子饿和小便频繁。印度医生还知道
检测糖尿病的方法，看看蚂蚁会不会被病人的尿液所吸引，因为
糖尿病人尿液中的糖分的确比较高。

如今我们知道，糖尿病的原因是血液里的血糖过高。我们去
做体检时，空腹吃东西之前，正常的血糖范围是每 100 毫升的血
液中含有 70 ~ 100 毫克的糖。食物经过消化变成血糖，送到血液
中。当身体发觉血糖增高时，胰脏会分泌一种激素叫作"胰岛素"，
胰岛素的功能就是把血糖转变为糖原，储存在肝和肌肉里。如果
胰脏细胞受到损害，分泌的胰岛素太少，或者身体因年龄增加对
胰岛素产生抗拒的话，部分的血糖就没有被转换，一直存在于血
液里。

■ 漫漫科学路

如此一来，直接的两个后果是：第一，糖原是身体能量的主
要来源，如果储存在肝和肌肉里的糖原不足，当我们需要能量时，
就得靠消耗脂肪来应付，不但效率比较低，反应也比较慢，这就
是糖尿病患者体力衰退、容易疲倦的原因。第二，当血液里的血
糖升高超过正常范围时，各式各样的问题就出现了，包括血中糖

分增加，尿液的糖分也跟着增加，肾脏得分泌更多的水来淡化尿中的糖，这就是糖尿病患者小便频繁的原因，也因此常常觉得口渴。同时也因为额外的热能消耗，病人常常觉得肚子饿甚至体重下降，长久下来肾功能会受到损害。此外，血液中的糖分过高，会导致血管阻塞、狭窄和硬化，引起心脏和循环系统的毛病。视网膜微血管受到损害会影响视力，最后导致失明。血液中过多的糖分也会影响白细胞的功能，降低身体抵抗发炎的能力，这就是糖尿病患者伤口比较难愈合的原因。

虽然上千年以前，医生已经知道糖尿病患者的尿液会有比较高的糖分，但是把糖尿病和胰脏功能联系起来，却是源自一百多年前的一个偶然发现。1889 年，两位德国科学家在研究胰脏对消化功能的影响时，他们把一只狗的胰脏切除，几天之后，一位实验室助理发现许多苍蝇飞来围绕在这只狗排出来的尿液附近，他们分析这些尿液，发现尿液里的糖分特别高，也因此确立了胰脏有调节血糖的功能这个重要的发现。

接下来，科学家还得走很长的路。首先，胰脏具有多重的生理功能，到底胰脏哪部分的细胞直接和血糖调节有关？其次，胰脏分泌多种不同的酵素和激素，如何把这部分细胞分泌的激素抽取出来呢？这个步骤由几位加拿大的科学家在 1922 年成功完成。这种激素叫作"胰岛素"，两位科学家弗雷德里克·格兰特·班

廷（Frederick Grant Banting, 1891 ~ 1941 年）和约翰·詹姆斯·理
查德·麦克劳（John James Richard Macleod, 1876 ~ 1935 年）也
因此在 1923 年获得诺贝尔医学奖。再次，如何找出胰岛素的分子
结构？知道了胰岛素的分子结构，就可以用人工合成的方法来制
成胰岛素。英国生化学家弗雷德里克·桑格（Frederick Sanger,
1918 ~ 2013 年）也因为这个贡献，在 1958 年获得诺贝尔化学奖。
1980 年，桑格又因为在 DNA 排序方面的研究贡献，再度获得诺贝
尔化学奖。科学史上，除了桑格，另外还有三个人两次获得诺贝
尔奖，包括居里夫人（Marie Curie, 1867 ~ 1934 年）、美国化学
家莱纳斯·卡尔·鲍林（Linus Carl Pauling, 1901 ~ 1994 年）、
美国物理学家约翰·巴丁（John Bardeen, 1908 ~ 1991 年）。

最后，我想再谈一下关于宫颈癌检测的问题。大家都听过"六
分钟护一生"，这是我的好友、前台湾荣民总医院吴香达医师提
出的。这句话的意思是，这是个不需要动手术、不需要麻醉、只
花六分钟的检查程序。取子宫颈的细胞，抹在玻璃片上，送到实
验室检查。如果发现异常细胞的话，可能是宫颈癌和子宫内膜癌
的预警，就必须做进一步的检查。

宫颈癌是全球女性第二常见的癌症。抵抗癌症重要的一环是
及早发现、及早治疗。抹片检查就是个简单有效的方法，可以在
子宫癌可能发生的初期，检测到发炎的细胞、可能转成癌的细胞，

以及初期的癌细胞。

抹片检查的英文是"Pap Test"，中文译为宫颈刮片检查，这个检查方法是在希腊出生的美国医生巴潘尼克劳（George Nicolas Papanicolaou）发明的，这个名字太长了，所以简称为 Pap。20 世纪 20 年代，巴医生从事女性在生理循环期间，因激素变化所引起的细胞组织变化的研究，其中一个实验过程就是抹取女性子宫颈的液体，来观察和分析细胞组织的变化。在参与实验的女性中，有一位患有子宫癌，巴医生检视她的抹片时看到了癌细胞。过去没有人想到，子宫颈癌细胞会在抹片上出现，巴医生马上想到抹片就是一个简单有效的检视癌细胞存在的方法。他曾说："第一次在子宫颈抹片里看到癌细胞，是我整个科学研究生命中最兴奋的一刻。"后来，这种方法也被推广到其他癌细胞的检测，救了很多人的命，后来被推广到其他器官癌细胞的检测，是医学上一个很大的贡献。医学上做过一个统计，在死于子宫癌的人当中，60%～80%在死亡前 5 年没有做过抹片检查，因而得不到预警。的确，预警远胜延迟了的治疗。

注意饮食，多运动，更不要忘记六分钟护一生。

眼睛会说话

心理学家发现，婴儿已有判断目光方向的能力，

而且他们比较喜欢别人正视的目光。

语言是人类表达思想和感情最重要的媒介，那么，口就是表达思想和感情最重要的工具。用口，我们可以传递数据和信息，也可以传递感情，如快乐、悲伤、愤怒、焦急或者失望；也可以展示我们的健康状况，是声如洪钟，还是气若游丝；还可以经由狂笑、冷笑、浅笑或者号啕大哭、啜泣，道出我们的心情。兴高采烈的时候，口沫横飞；唾一痰，往往是轻视不屑的意思。除了口之外，我们还有许多肢体语言，双手一摊是"完了、没办法了、没辙"的意思，耸肩表示"无可奈何、满不在乎"，跷起二郎腿

是舒适轻松的姿势，脚抖个不停大概是心情有点紧张，嗤之以鼻那就是"我才不理你呢！"。

今天我要谈的是眼睛。眼睛、耳朵有看和听的功能，是最重要的信息接收工具。眼睛也是传递信息的工具，心理学家花了很多工夫研究、探讨"眼神接触"所传递的信息和感情，例如：按照现代社会礼貌的规范，不熟识的异性间，眼神的接触不应该过多，女性和别人的眼神接触通常比男性多，下属对上司的眼神接触比较少，甚至是零；在餐厅里，服务员和客人的眼神接触相当少，一方面是表达卑微待客的态度，另一方面是在表达——赶快点菜吧，不要多啰唆。和别人讲话时，通常会在快讲完话时，才跟对方有直接的眼神接触，等于告诉他"我讲完了，换你了"；当你在讲话并且不希望有旁人插嘴时，你会瞄他一眼，让他知道你还没有讲完；在人群中，两个人之间眼神的接触，代表一个开始，有眉目传情，有关爱的眼神，也有冷眼旁观、目露凶光。

英国桂冠诗人本·琼森（Ben Jonson，约 1572 ~ 1637 年）有一首很有名的小诗，诗开头两句是："Drink to me only with thine eyes, and I will pledge with mine." 翻译成中文是"用你的眼波邀我共醉，我将凝眸相随"。有一首英文歌 *Strangers in the night*（《深夜里的陌生人》），前几句是：

Strangers in the night exchanging glances

Wondering in the night

What were the chances we'd be sharing love

Before the night was through

深夜里的陌生人，眼神交会一瞬间，

夜已尽，天将明，何处是我们可以共享的真情？

　　心理学家发现，用眼睛盯住一个人往往传递的是一个不友善、恐吓的信息，猩猩、猴子也是如此。被盯住看的对象会产生一种恐惧、被压迫，甚至屈服的反应。心理学家曾经做过实验：当你开着汽车，停在红灯前面的时候，有一个人骑着自行车停在你旁边，目不转睛地盯着你，你的反应如何？很多人都会在红灯转绿灯的刹那间，赶快加速闯过去。心理学家也发现，在红灯前面被旁边骑自行车的人盯住的人，红灯一转，赶快冲过十字路口的时间，比不被盯住的时间要短1.2秒。心理学家的解释是，当别人盯着你看，传递的是不友善、让你不舒服的信息，你的反应就是赶快冲过十字路口摆脱他。

　　或许你会问："被盯住看的人的反应不一定是感到恐惧和不安，他会不会以为盯住他的人是在向他挑战，看在红灯转绿灯的时候，谁先冲过十字路口？"所以，心理学家又设计了另外一个实验，找一个人站在人行道上，同样地盯着你看，结果呢？也是一样，当红灯转绿灯的时候，被盯的人会闯得比较快，一路冲过十字路口。

　　心理学家也会问："盯着别人看是一个古怪、有点莫名其妙的行为。是不是别的古怪、莫名其妙的行为，也会引起同样的反应呢？"所以，他们又设计了一个实验，他们找一个人坐在人行道上，当一辆车在红灯前面停下来的时候，这个人就拿着铁锤敲打人行道，好像要把人行道敲碎的样子，这算是一种古怪、莫名其妙的行为吧。但是开车的人并没有赶快冲过十字路口。这个例子说明，进行科学实验时，必须很细心设计实验的过程和解释实验的结果。在这个例子里，实验的结果是，开车通过红灯的十字路口的时候，有些人冲得比较快，有些人冲得比较慢。我们想要证明的是，因为有人盯着他，引起一种受压迫的不安感觉，因此必须从不同角度确定这个实验结果不是来自别的原因。

　　当心理学家研究"人类如何获得从别人眼睛传递过来的信息"时，他们发现，从婴儿开始，大脑就有判断别人眼睛所看方向的能力。2002 年，心理学家研究发现，婴儿比较喜欢别人用眼睛直接看着他们。同样一个人的两张照片，其中一张里面人的眼睛向前看，另一张里面人的眼睛往斜处看，婴儿对第一张照片会多看，也看得比较久些，因为婴儿觉得照片中的人正在看着他。他们还录下四五个月大的婴儿看这些照片时的脑波。结果发现：当婴儿看着第一张照片时，婴儿的脑波和成人正在看别人脸的脑波吻合度最高。换句话说，心理学家发现，婴儿已经有判断别人目光方向的能力，而且他们比较喜欢别人正视的目光。

■ 了解，从灵魂之窗开始

那么，大脑如何去判断别人目光的方向？显而易见，最重要的是靠眼珠的位置。眼睛里有颗眼珠和旁边的眼白，当眼睛两边的眼白大小一样时，我们就知道眼珠是在眼睛中间，向前直看；当然，头部的位置和方向也有关系。大脑有能力根据眼珠和头部的位置做出判断。

讲到眼珠和眼白，这中间就有很大的学问。首先，眼睛里有一层保护眼球的纤维膜，叫作"巩膜"。巩膜是乳白色的，所以巩膜露在外面的部分就是眼白。婴儿的巩膜带一点蓝色，老人的巩膜渐渐变黄，得了黄疸症的病人，巩膜变黄就是最明显的病征。有两位日本科学家比较人类和不同的猩猩、猴子的眼睛，发现只有人类的巩膜是白色的，而且人类露在外面的巩膜面积最大。当眼珠颜色和巩膜颜色比较接近的时候，别人比较难判断眼珠的位置，因此比较难判断目光的方向。对那些要靠捕食别的动物为生的动物而言，这是一个有助于它们捕食的掩蔽特点。对人类来说，

眼珠和巩膜黑白分明，是帮助别人知道我们视线的方向，因而有
传递消息的功能。

　　中国的相法里说：一般人的眼睛中间是眼珠，两边是眼白，
这叫作"二白"；眼珠比较小的人，眼珠的左右和上方都露出白色，
叫作"上三白"；眼珠的左右和下方都露出白色，叫作"下三白"；
眼珠的左右上下都露出白色，叫作"四白"。相法里还说：四白
眼的人很聪明，反应快，做事果断，有才能；又有一个说法是：
四白眼的人深沉狡猾……当然这些都不足取信。不过，也有人说，
相法里有些说法也是从统计数据而来，而且也有"相由心生"这
句话，但是这和现代比较严谨的科学观点比起来还是有距离的。

　　眼神的接触并不局限于眼睛视线的方向以及视线的固定和转
移。观察到眼神的接触，带动的则是大脑的接触。达·芬奇（Leonardo
da Vinci，1452 ～ 1519 年）说过："眼睛是灵魂之窗。"这句话
不只是一句有诗意、有哲理的话。从医学和心理上的观点来看，
我们知道经由视觉的接触，大脑会观察到对方的情绪和动机，是
快乐还是悲伤，是诚实还是欺骗。这个互动机制非常复杂，但是
这个机制的存在和运作非常明显。

　　专家指出，许多患有自闭症的小孩，缺乏方向感以及跟别人
做视觉接触和互动的能力，在这背后相关联的就是缺乏和别人沟
通互动、了解别人的思想、情绪和动机的能力。我不是医学专家，

这几句话只是笼统的一点常识。不过，毫无疑问，眼睛和大脑之间的互动是医学、心理学里一个广大深远的研究领域。即使一个简单的问题，例如，眼睛盯着别人，传递的是什么信息和情绪，就得经过许多努力才能获得答案。

圆周率是怎么得来的？

每个人都会算圆的直径、面积。

你知道圆周率是怎么得出来的吗？

为什么圆形最经济？

也许大家还记得，在小学第一次听到"圆周率"这个词，一定觉得 3.14159 是个奇怪的数字。到底这个数字从何而来？代表圆周率的 π 是怎么来的？

在希腊文里，"周边"这个词的第一个字母是"π"。后来，就被数学家用来作为圆周率的代称。小学时我们就学过，用 r 来代表半径，圆周的公式就是 2πr，圆面积就是 πr²。

有史以来，除了三角形、方形之外，圆形也是一个大家都很熟悉的形状——太阳、月亮是圆的，树干截面是圆的，眼珠是圆的。远在四五千年前，已经有人知道找一根绳子，在沙滩上把其中一端固定，另一端拉着转，沙滩上就出现一个圆形。这根绳子的长度就是圆的半径，两倍的长度是直径。至于圆周呢？我们可以拿一根长度等于直径的绳子，沿着圆周来量，量一段为第一段，接着第二段，再接着量第三段，最后发现，圆周长度是直径长度的三倍多一点。如果我们另外找根较长的绳子做半径，我们会发现量出来的圆周比较长，也正好是直径的三倍多一点。今天看起来很清楚简单的概念，在五千年前并不见得是那么明显的。为什么圆周的长度和直径成正比？为什么圆的面积和半径的平方成正比？如果没有数学的解释，光凭想象，不见得是很明显的。

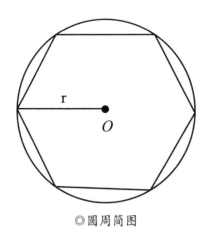

◎圆周简图

■ 圆不圆有关系

三倍多一点的这个数字到底是什么呢？四五千年以前，古代巴比伦人和埃及人说，π 等于 4×8^2 除以 9^2，那就是 3.16049，又说 π 比 $3\frac{1}{8}$ 大，是 3.125，π 比 $3\frac{1}{7}$ 小，是 3.142857。这也许是猜的，也许是仔细量出来的。两千多年前，阿基米德就想到，假如我们在圆里画一个内接正六边形，在圆外面画一个外切正六边形，那么内接六边形的边长加起来要比圆周小，外切六边形的边长加起来要比圆周大。从这个概念出发，六边形变成十二边形，变成二十四边形，变成四十八边形、九十六边形，那么内接九十六边形的边长之和还是比圆周小，外切九十六边形的边长之和还是比圆周大，只不过，这两个数字越来越接近。阿基米德算出来，π 比 $3\frac{10}{71}$ 大，比 $3\frac{1}{7}$ 小。阿基米德这个方法代表今天我们常使用的一个概念——如果我们不能直接精确决定一个数字时，就去找这个数字的下限以及上限。当下限和上限非常接近时，我们对这个数字是多少就可以有相当准确的估计了。

例如，有一大群年轻人到垦丁参加音乐会，结束后大家各自回家，我们要知道有多少人参加，可以数数沙滩上留下来的鞋印。假设每个人可能留下来两只、一只，或者都没留下鞋印，那么鞋印的数目除以二就是参加人数的下限——最低限度有那么多人参加音乐会。我们也可以算算门票的总收入，假设每个人都买了门票，那么门票的总收入除以票价，就是人数的上限，那就是最多只有那么多人来参加音乐会。

按照中国历史的记载，公元130年，也就是阿基米德之后300多年，张衡算出 π=3.1622。公元264年，刘徽用和阿基米德相似的方法，从正九十六边形增加到正三千零七十二边形，算出 π=3.14159。公元5世纪，中国有名的数学家祖冲之算出 π 的准确值到小数点后第7位，欧洲到了16世纪才算到这种精确度。

仔细看看阿基米德的算法。他的基本方法是把圆周分成96个等分的圆弧，然后用内接正九十六边形和外切正九十六边形的边长作为圆弧长度的下限和上限。数学家会问，有没有别的办法找出比较精确的下限和上限呢？一千多年之后，两位荷兰的数学家威理博·斯涅尔（Willebrord Snellius，1580～1626年）和克里斯蒂安·惠更斯（Christian Huygens，1629～1695年）发现了新的做法。17世纪后，因为单靠几何方法很难得出非常精确的结果，所以，数学家就想办法找出公式。这些公式都是一个无穷级数，也就是说，它有无穷的项数，演算时包括的项数越多就越准确。

第一个公式是：$\pi = (1-1/3+1/5-1/7+1/9-1/11\cdots) \times 4$。不过这个公式并不是很有用，因为要算很多项才能得出比较准确的结果。有了公式，有了今天的超级电脑，电脑专家开始用电脑算 π 的数值，算到小数点后一百位、一千位、一万位。2002年9月，世界纪录是一群日本电脑专家算到一兆位。假如你把这一兆位的数字打印出来，恐怕一百万张纸也不够。

有人会问，把 π 的数值算得那么精确有用吗？答案的确是没有什么实用的价值。举例来说，地球的半径大概是六千多公里，假设地球真是一个完美的球形，那么赤道的长度是 2 × π × 地球的半径。如果，我们用 π 的前七位数字 3.1415926 来算或者用前八位数字 3.14159265 来算赤道的长度，相差一两米。

奇怪的是，世界上居然有人能够背下这个数字，π 不但有无穷个数字，而且这些数字的变化没有规则可循，普通人大概只能背到小数点后十位。网络上倒是有不少奇人记录，例如，2006 年 6 月，一个印度人 Chahal，能够背出 43,000 个数字，这是被公认的世界纪录。又有消息说，2005 年 11 月，一个 24 岁的中国大学生在 24 小时之内背出六万多个数字，一个都没错。2006 年 10 月，一位 60 岁的日本人背出十万个数字。他们是怎样背下来的呢？为什么要背下来？除了想在世界纪录上留名青史以外，或许还有其他理由吧。

再来看看远比圆简单的正方形。如果正方形一边的边长是 d，那么正方形的周长是 4 × d，面积是 d × d，也就是 d^2。

几千年前，数学家问了一个问题：给出来一个圆，可不可以把它化成一个面积相等的正方形？换句话说，把一个圆正方形化。

让我把题目解释清楚，一个圆的面积是 πr^2，如果我们找到一个正方形，那它的一边是 $\sqrt{\pi} \times r$，不就是答案了吗？问题是在几何学上，我们如何只用圆规和直尺把一条长度是 $\sqrt{\pi}$ 的直线画出来？

■ 证明圆难成方

为了帮助大家了解，我先提出一个比较简单的题目。如果给出来一个长方形，一边长是 a，一边长是 h，那么面积就是 $a \times h$。可不可以只用圆规和直尺画出一个面积相等的正方形？答案是可以。这道题目并不难，懂一点几何的高中生可以试试把它解开。给一个三角形，可不可以找出一个面积相等的正方形呢？那也可以。只有直线的图形可以吗？答案是不一定。在几何学上，我们可以找到许多包括圆弧的图形，也可以化成面积相等的正方形，有一个例子，一个弯弯的新月形可以画成面积相等的正方形。那么回到我们的问题：给出一个圆形，在几何学上可不可以只用直尺和圆规画成一个面积相等的正方形？换句话说，假如一个圆的半径是1，我们可不可以用圆规和直尺画出一根长度是 $\sqrt{\pi}$ 的线段？答案是不可以。大家一定会反问我：你怎么知道不可以？你不会也许别人会。

在物理学和工程学上，当我们说一件事情是可能的时候，就必须证明那的确可能。举例来说，我说我可以提20公斤重的东西，为了证明这句话，我做给你看就好了。但是，如果我说我不可能提 100 公斤重的东西，要怎么证明给你看呢？你怎么会相信我不是做假呢？难道要我尝试去提，一直到我倒下来才算吗？在数学、物理学和工程学上，当我们说一件事情是不可能的时候，必须有严谨的证据证明我做不到，你也做不到，没有人做得到，今天没有人做得到，明天、一万年以后也没有人做得到。不过，这不是我今天要讲的题目，我要讲的是在几何学上，两三千年前大家就问的题目——可不可以用圆规和直尺画出一个和圆面积相等的正方形呢？答案是不可能。

　　让我从头解释：大家都知道什么是整数，1、2、3、4、5、6、7、8、9……都是整数。大家都知道什么是有理数，1、3、22/7 都是有理数。有理数就是一个整数被另外一个整数除，也可以用小数表示，例如：1/4 是 0.25。一个也许不是每个人都听过的概念是"无理数"——不能用分数表达出来的数字，例如：$\sqrt{\pi}$ =1.7724……当我们用小数把一个无理数表示出来的时候，一定是有无穷个数字，而且这个数字不会重复。你怎么知道 $\sqrt{\pi}$ 不可以写成一个分数呢？这就需要数学上的证明了。我相信高中生学代数时应该学过这个概念，也可能看过怎样去证明 $\sqrt{\pi}$ 是一个无理数。那么 π 呢？ π 不但是一个无理数，而且开个玩笑说，是一个比无理数更无理的数，叫作"超越数"。

■ 终解千古难题

这里跳过什么是"超越数"不讲，但我可以告诉诸位两个重要的结果：第一，如果我们用圆规和直尺可以画出整数、有理数，甚至无理数，但不可能画出超越数。学过几何的同学都知道，给你一条直线，找另外一条直线是它的长度的 3 倍，或者 2/5，或者 π 倍，你可能知道该怎样做。但是，如果 π 是超越数的话，那是没有办法用圆规和直尺把 π 画出来的。第二，19 世纪初期，德国数学家林德曼（Lindemann，1852 ～ 1939 年）终于证明了 π 是超越数，因此 $\sqrt{\pi}$ 也是超越数，谁也无法从半径是 1 的圆画出一个每边是 $\sqrt{\pi}$ 的正方形。让我重复这两个重要的概念：首先，在几何上，不能光用圆规和直尺把长度是一个超越数的线画出来；其次，π 是超越数。这两个结果证明了一道千古难题——不可能用圆规和直尺把一个圆变成一个面积相等的正方形。

讲了这么多枯燥的数学，结束的时候，我讲一些轻松的小故事。

第一个故事是，数学家经过多年的努力证明了 π 不可能用分数来表达，但是，在 1897 年，美国印第安纳州的一位州议员提出一个法案：要求立法规定 π 的数值是 4/1.25，即 3.2。然而当今许多数学上的结果和这个法案的规定完全不符，所以，这些结果必须被宣布为无用。这件事显示出"官大学问大"，真是古今中外皆然。

　　我在美国准备博士资格口试时，题库里有一道题：在人行道上，通向地底铺设管线的入口的洞为什么是圆的？这道题有几个答案——第一个答案是人的身体接近圆形；第二个答案是这个洞的铁盖通常很重，圆盖可以滚来滚去，搬运起来比较方便；第三个答案是圆形的每一个方向的直径长度都是一样的，所以圆盖不容易掉到洞里，如果洞和盖都是方的话，方的盖很容易从洞的对角线的方向掉下去；第四个答案是按照几何学的结果，在所有的几何形状里，周边总长度是一样的话，圆的面积最大。所以，从某个角度来看，圆形是最经济的形状。

　　这种怪问题，怪不得让人觉得博士就只会钻牛角尖了。

从打喷嚏说起

"有人在想你?"

"把魔鬼赶出去?"

"上帝保佑你!"

　　打喷嚏是一个半自动的生理反应,当鼻子里黏膜的末梢神经受到刺激(这些刺激可能源自外来的杂物,像花粉、尘埃等)时,身体的反应是把肺里大量的空气往外推,以便把外来的杂物驱逐到体外。

　　当伤风引起鼻子黏膜肿胀、强烈的味道、突然的温度下降,甚至突然的亮光,都可能误导鼻子的末梢神经,让它以为有外来的杂物,必须通过打喷嚏的动作来排除。

　　打喷嚏的时候，空气的速度可以高达 150 公里 / 小时，喷在空气中的唾液有 2,000 ~ 40,000 颗，其中的细菌就可能会传染疾病，正是伤风、感冒、SARS（严重急性呼吸综合征）等疾病的传染方式。多数人打喷嚏的时候，眼睛会闭起来，一个说法是避免泪腺导管和微血管受伤。

　　在古希腊时代，打喷嚏被视为好预兆，因为打喷嚏不是自己主动引发的，当时的人相信这是上帝带来的好兆头。在中国和印度，许多人相信打喷嚏代表别人在想你。在西方国家，当别人打喷嚏时，旁边的人会说："God bless you!（上帝保佑你！）"这些不同的解释说出了古代人怎么看待打喷嚏。一个说法是，打喷嚏会把人的灵魂从身体内逼出来，说"上帝保佑你！"就是不让魔鬼把你的灵魂带走。另外一个说法正好相反，打喷嚏是要把身体里邪恶的魔鬼赶出去，所以说"上帝保佑你"就是不让邪恶的魔鬼进到你的身体里去。还有一个说法是，打喷嚏的时候心会停止跳动（其实不会），说"上帝保佑你"是希望你的心跳恢复正常。另外的说法是，打喷嚏表示一个人身体不好，快要死了，说"上帝保佑你"其实是说"早登极乐吧"。

　　在现代，当别人打喷嚏的时候，"God bless you!"就变成一句口头禅。在德国，别人打喷嚏的时候，旁边的人会说"Gesundheit"，那就是"Good health to you（身体健康）"的意思。

打喷嚏的声音是"achu"。打喷嚏的英文是"sneeze"。不过，在许多不同的语言里，打喷嚏这个词的发音跟"achu"很接近，例如阿拉伯文是"atsa"，西班牙文是"atchis"，土耳其文是"aksirik"，都很接近"achu"的声音。在文字学里，如果一个动作产生一个声音，描述这个动作的词的发音正是这个声音的话，那就叫作拟声词。中文打喷嚏、英文"sneeze"都跟打喷嚏的声音"achu"不接近，但是在阿拉伯文里的"atsa"、西班牙文里的"atchis"、土耳其文里的"aksirik"，都是拟声词。

让我再举几个例子：在中文里，滴水的"滴"字，是一个拟声字，因为滴水的声音就是"滴滴滴"；唉声叹气的"唉"字，也是一个拟声字，因为叹气的声音就是"唉"；在英文里"bang"是"用力敲打"的意思，"bang"是一个拟声字，因为"bang"正是开枪、打鼓这个动作产生的声音；杜鹃（布谷鸟）的叫声正是"cuckoo"。

■ 不由自主的动作

接着我们来谈谈打嗝。打嗝英文是"hiccup"。"hiccup"又是一个拟声字，因为打嗝的声音就像"hiccup"里"hic"的声音。打嗝是人体横隔肌不自主地痉挛，空气突然进到肺里，引起喉咙肌肉的开合，而产生"hic"这个声音。吃东西或喝东西太快、冷和热的东西一起吃、大笑、喝酒过多等都会引起打嗝。打嗝不像打喷嚏，似乎没有生理上的好处。科学家对人类为什么会打嗝没有完全的解释。

近年来，一个说法是，对一些既有肺又有腮的动物来说，打嗝是防止水进入肺的一种行为。所以，打嗝可能是动物从水生进化到陆生的残余现象。平常我们打嗝，几分钟后就会停止，不过，按照吉尼斯的世界纪录，美国人查理斯·奥斯朋（Charles Osborne）连续打嗝 68 年——从 1922 年至 1990 年，快则每分钟 40 次，慢则每分钟 20 次。但是，他过着正常的生活，有过两个太太，八个小孩，在打嗝停止后的第二年（1990 年）就去世了。

早上起来，会打一个哈欠，工作了一整天，又会打几个哈欠，听节目的时候，更会哈欠连连。打哈欠也是我们不能自主控制的肢体动作。打哈欠这个动作倒很容易描述：张开嘴深深吸入，短短吐出，然后闭上嘴。不但人会打哈欠，很多有脊椎动物，包括鱼、乌龟、鳄鱼和鸟都会打哈欠，不但大人会打哈欠，胎儿在妈妈肚子里也打哈欠。

从生理学、医学的角度来看，打哈欠的原因是什么？到目前为止，科学界还没有定论。多年来，一个理论是，当体内二氧化碳过多而氧气不足时会打哈欠，以便把更多的氧气带到肺里。但是到目前，这个理论还没有得到确切的证实。另外一个理论是，打哈欠是由于身体里某些化学成分的作用。还有一个说法是，打哈欠是帮助调整肺里某些可以帮助呼吸的机制。打哈欠这么一个小事，用科学的观点来看，要想完全了解并不容易，这也是从事科学研究的精神和乐趣。

打哈欠传递了什么样的信息呢？最普通的解释是一个人累了，工作过度，压力太大。甚至有一个理论说，聚合在一起生活的野兽会用打哈欠来传递疲倦的信息，通过这个信息把睡眠和活动的时间同步。打哈欠传递的另一个信息是枯燥无趣。在课堂、在看电影、感到厌烦无奈的时候，都可能会打哈欠。打哈欠传递的再一个信息是不喜欢交际往来。当去参加宴会、酒会，不愿意和与会者交际应酬时，你就会不自觉地打起哈欠；甚至你是主人，面对无趣的客人时，也会不知不觉地用打哈欠来下逐客令。

从社会学的观点来看，我们已经有相当多的证据，知道打哈欠是有传染性的，在一个房间里，当一个人开始打哈欠时，别人会自动跟进。有一位学者做了两个有趣的实验：实验一是让两群学生，一群在看打哈欠的电影短片，一群在看笑的电影短片，结果看打哈欠短片的那一群人，哈欠打得比较多。实验二是让两群学生，一群读一篇关于打哈欠的文章，一群读一篇关于打嗝的文章，结果读打哈欠文章的那一群，哈欠打得比较多。顺便一提，打嗝是没有传染性的。

其实，讲了那么多有关打哈欠的事，也许最重要的观察是：打哈欠是一个古老非自主的动作，而在文化、语言、生活习惯不断改变之下，却始终没有消失，还有很多让生理学家、社会学家甚至艺术家探讨的空间。

■ 苏东坡有家归不得

我最后要谈的是打鼾。打鼾的生理原因是当正常的呼吸通道受到阻碍时，我们会张开嘴来呼吸，引起口腔后面一块垂下的肉球振动，而产生或大或小、或断或续的声音。

老年人几乎都会打鼾，因为这块肉球附近的肌肉松弛，比较容易振动。睡觉前吃了安眠药，喝了酒或过度疲倦的人，都特别容易打鼾，因为他们会睡得比较熟，熟睡时肌肉较平时放松。胖人打鼾比较多，因为脂肪堆积使呼吸道变小。抽烟的人容易打鼾，因为抽烟造成咽喉黏膜肿胀，分泌物增加，间接造成呼吸道狭小。男人比女人打鼾多，主要原因是生活习惯不同，这也成为有些人离婚的主要原因。市面上有不少防止打鼾的工具，效果如何就很难说了。

今天我们谈打喷嚏、打嗝、打哈欠、打鼾，或多或少也提到医学、心理学、社会科学，甚至化学、文学。这些粗俗的题目，似乎很难融合在文字诗词里。让我试着举几个例子：

在英文里，"to sneeze at"是"轻视、看不起"的意思，我们会说："This is not something to sneeze at."（这是不可轻视的事情。）

在英文里，"hiccup"也代表"很小的困难和挫折"，我们会说："There is a hiccup in the production process."（在制造过程中碰到一点小问题。）

在英文里，"It makes me yawn."（让我打哈欠。）那就是"枯燥无趣"的意思。

苏东坡有一首词《临江仙》描写他喝醉了回家，家中的仆人已经鼾声大作，敲门不应，他只得拄了拐杖听江水声的情景：

夜饮东坡醒复醉，

归来仿佛三更。

家童鼻息已雷鸣，

敲门都不应，

倚杖听江声。

长恨此生非我有，

何时忘却营营？

夜阑风静縠纹平，

小舟从此逝，

江海寄余生。

蝴蝶变贵人

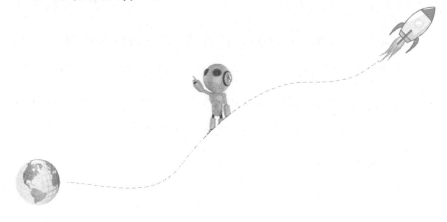

一点小差异往往导致截然不同的结果。

一只小蝴蝶，有可能就是你我的贵人。

很多人都听过，"在巴西，一只蝴蝶扇动翅膀一个月之后，引起印度尼西亚的龙卷风"，这个说法叫作"蝴蝶效应"。第一次听到"蝴蝶效应"这个名词的人，会以为是用来形容一些充满幻想、不可思议的事情。事实上，这个名词源自数学和物理学，是距今约一百年前发现的一个现象。这个发现引导到另一个新的研究领域，叫作"混沌系统"。

我不打算，也不可能用简短的篇幅详谈"混沌系统"里的物理现象和数学概念，只能稍微解释一下"混沌系统"的概念——

它并不是指一个混乱没有规则的系统，而是指一个有规则、变化不容易预估的系统。

在物理学里，我们可以用一个或者多个方程式来描述一个系统，因此，当我们知道这个系统初始的条件和状况时，就可以按照方程式一步步地把这个系统的变化，乃至最后的结果算出来。有许多系统，如果开始时的条件和状况有细微的差异，整个系统的变化和最后结果也只会有细微的差异。

■ 魔鬼总在细节中

在我们日常生活中，这种例子随处可见。如果我们用力去推一辆车子，车子会以某个速度往前走一段距离；再多用点力，车子的速度会增加一点，走的距离会更远一点。如果先后两次推车子的力相差不多，车子走的速度和距离也相差不多。但是，另外有些系统，如果开始时的条件和状况只有细微的差异，整个系统的变化和最后的结果却会大不同，这种系统就叫作"混沌系统"。

蝴蝶效应就是说，整个地球的大气系统是一个混沌系统，所以如果一只蝴蝶在巴西扇动或者不扇动它的翅膀，扇动得很用力或者只是轻轻地扇动，虽然这在整个大气系统中只有很小的差异，但是会导致一个月后在印度尼西亚有一场龙卷风，或者没有龙卷风。

在中国成语里，我们也有一个相似的说法，就是源自清朝思想家龚自珍（1792～1841年）的一句诗："一发不可牵，牵之动全身。"现在比较常说的是"牵一发而动全身"。

从1900年开始，物理学家和数学家在研究流体力学中的乱流、无线电通信非周期性振动频率的问题时，都已经观察到"混沌"这个现象。不过，混沌系统的研究是在有了电脑后才突飞猛进的。1961年，美国气象学家爱德华·诺顿·洛伦茨（Edward Norton Lorenz，1917～2008年）用电脑来做天气预测的计算。有一天，他发现一连两次的计算，虽然起点相同，结果却是大不相同。他细心观察后才发现，第一天他输入的起点是0.506127，当他把这个数字抄在纸上时，一时懒惰只写了0.506。虽然0.506跟0.506127相差不到万分之二，但是当他第二天输入0.506作为起点时，得出来的结果跟第一天大不相同。因此，洛伦茨就认为用电脑模拟来做天气预测是不可能准确的，并因此而开拓了混沌系统这个研究领域。

世界上有许多事都是因为一点微小的差异，导致截然不同的结果。我们常说，好命的人会遇到恩人和贵人，你知道恩人和贵人的定义是什么吗？很多年以前，有一个人去美国拉斯维加斯赌钱，把身上的钱全输光了，他回家前要上厕所，可是身上连一个硬币都没有（那时要用一个硬币才能够把厕所的门打开）。于是，他跟一个朋友要了一枚硬币，走进厕所，却发现前面用过厕所的那个人，出来的时候没有把门关上，他就把借的硬币留下来，从厕所出来后，把硬币往吃角子老虎机（一种用零钱赌博的机器）里一丢，发了大财。他拿这笔钱当资本做生意，成为亿万富翁。他常跟助理讲这个故事，讲完后，总是说："真想找到当年帮我忙的那个人，让我从当时的身无分文到今天的飞黄腾达，好想谢谢他。可是怎么去找这个人呢？"他的助理说："给你那个硬币的人，不是你的好朋友吗？"他说："我不是要找他，我要找的是那个忘了把厕所门关上的人。"

恩人，是做了一些清楚明确对你有助力的人，例如给了你一枚硬币上厕所的那位朋友。贵人，是做了一些事，不是刻意为你好，甚至不认得你，可是他做的事给了你很大的帮助，例如那个没有把厕所门关上的陌生人。一只小小的蝴蝶、一束鲜花、一个在路边踢球的小朋友、一位连中文都不会讲的外国游客，都可能是我们的贵人。

■ 人生大不同

蝴蝶效应是说，过去发生的事情里，微小的差异会导致未来大不相同的结果。1998 年的一部电影 *Sliding Doors*（中文翻译为

《双面情人》），是讲一家大公司里公关经理的故事。她和号称是小说家的男朋友住在伦敦。一天早上，当她到办公室的时候，老板为了一件小事当场把她辞退了，她满心不愉快地搭地铁回家。从这里开始，故事分成两个版本——第一个版本是她在地铁车门正要关上时，用力把车门推开，挤上了地铁；另外一个版本是她在车门关上的时候，没有挤上地铁。

在赶上地铁那个版本里，她在车厢里认识了坐在她旁边的一位温文尔雅的男子，可是当她提早回到家的时候，竟发现她的男朋友正和前女友鬼混，她气得不得了，就和这个没有出息的男朋友分手了。后来，她自己开了一个小公关公司，也和在地铁上认识的那位男子交往得很好。

在没赶上地铁那个版本，因为下一班地铁受到机械故障的影响而延误，她只好走出地铁站，改坐出租车回家。可是祸不单行，有一个流浪汉想要抢她的皮包，把她推倒在地上，她的头被撞破了，等到她去医院把伤口缝好再回到家的时候，她的男朋友正在洗澡，跟他鬼混的前女友刚刚离开。她失掉公关工作后，生活过得并不好，得同时兼任两份低薪的工作来维持她和男友的生活。而她的男友总以去图书馆找资料写小说为幌子，继续跟前女友密切往来。在两个版本里，她都发现她怀孕了。

在第一个版本里，她因为一个很小的误会和新男朋友吵起来，当他们把误会解释清楚，正要满心快乐地回家时，没有看到一辆车子正冲过来，她被撞倒，送到医院，流产了。而且，因为内伤严重，最后死在心爱的男朋友的怀中。

在第二个版本里，她为了要跟不长进的男友分手，争执推撞的时候，从楼梯上掉下来，流产了。她在医院很快康复过来，当她准备乘电梯下楼回家时，刚好错过一部电梯，在下一部电梯里，她的一个耳环掉了，替她把耳环捡起来的男子，正是第一个版本里在地铁上遇到的那位温文尔雅的男子。以后的发展就留给观众们想象了，这是一部很有趣的电影。

■ 只要一点小改变

2004 年，有一部电影 *The Butterfly Effect*（中文直接翻译成《蝴蝶效应》）。电影里描述一位大学生，从小在心灵上受到很大的创伤，患了失忆症，过去发生的许多事情都似乎消失在黑洞里。一个偶然的机会，他发现当自己重新读过去写的日记时，可以回到过去。于是他试图让已经发生的不愉快的事情有不同版本的发展，只不过新的版本却总是变得更不愉快、更可怕。

有一次，他们几个顽皮的小孩子把一根点燃的炸药放在一个人家门口的信箱里，当炸药爆炸的时候，一个版本是，把炸药放在信箱里的那位小男孩吓得昏过去了，长大后进了精神病院。另外一个版本是，住在那里的主人抱着她的宝宝打开信箱拿信的时候，爆炸发生了。还有一个版本是他的两只手被炸断了。又有一次，一个顽皮狠心的小孩把一只狗放在一个麻袋里，把麻袋扎起来，要点火把狗烧死。一个版本是，他和这个小男孩打架，被打昏过去了，长大后再和这个男孩打架时把他打死，自己坐牢了。另外一个版本是，他找了一把剪刀，叫那个把炸药放在信箱里的小男孩去把装了狗的麻袋剪开，这个小男孩却用剪刀把那个狠心的小男孩刺死了。

有一个跟他一起长大的小女孩，她的爸爸常常虐待她，有一个版本是她很年轻的时候就死了，另一个版本是她在餐馆里非常辛苦地工作。当这部电影结束时，我们看到这几个小孩都长大了，打扮得整整齐齐，满脸笑容，充满活力地在大街上的人潮中迈步往前。以后的发展，就留给观众们想象了。

2006 年世界杯足球赛，意大利和法国比赛，他们踢了 120 分钟之后，还是以 1：1 打成平手。进入了加时决战，法国选手踢中门楣，球被反弹出来落在球门之外，因此输掉了世界冠军。假如你看了全场比赛的话，你该记得上半场开赛不久，法国名将齐内丁·亚兹德·齐达内（Zinedine Yazid Zidane）主罚点球，他踢的罚球也正中门楣，只不过反弹出来落在球门之内。这是法国在这场比赛中的唯一进球。同样一个罚点球，同样正中门楣，差别只是反弹的角度稍稍不同而已。

在我们的生命里，会遇到很多事情，你是否想过："只要有一点改变，结果会是怎样的不同？"我想很多人都会觉得，假如能回到过去，一定会努力做一点改变。恩人、贵人、朋友和敌人不容易分辨，成功、得意、失意、快乐和忧伤也很难判断，往后看是感恩还是后悔？往前看是期待还是焦虑？蝴蝶效应告诉我们，不必刻意预测未来，也不必刻意回顾以往。安下心，站稳脚，好好地做我们这一刻可以做、应该做的事，那就足够了。

炸弹客与王羲之

　　我们总是无法断言一件事会不会发生。事实上，只要运用正确的分析和计算，就能估计出发生的可能性。

　　当我们谈天气时说："明天下雨的可能性是八成。"这表示明天很可能会下雨。当我们谈选举时说："某某候选人当选的可能性是三成。"这表示他当选的希望不大。

　　生活中，我们经常用数学方法来分析事情发生的可能性。我们也学过关于"概率"的课程。"概率"指的就是一件事情会发生的可能性，通常用一个数字来代表。这个数字介于0跟1之间——概率等于0，表示这件事情一定不会发生；概率等于1，表示这件事情一定会发生；八成就是0.8，三成就是0.3，概率越接近1，表示这件事情发生的可能性越高；反过来说，概率越接近 0，表示这件事情发生的可能性越低。

有个笑话，在一堂有关概率的课里，老师跟同学们说："在一架飞机里，有一个乘客带着炸弹的可能性是千分之一。"有一位同学问："那么有两个乘客带着炸弹的可能性呢？"老师说："那样的可能性是千分之一乘千分之一，那就是一百万分之一，可能性当然降低了很多。"第二天，老师和这位同学一起坐飞机。到了机场，老师看见这位同学左手提着皮箱，右手提着一个圆圆的包裹，老师问："这个包裹里是什么东西？"这位同学说："是一个炸弹。"老师问："你为什么要带一个炸弹上飞机呢？"他说："你昨天讲一个乘客带炸弹的可能性是千分之一，两个乘客都带炸弹的可能性是一百万分之一，既然我带了一个炸弹，另外还有一个乘客也带炸弹的可能性就从千分之一降到一百万分之一了。"

■ 善用理性的分析计算

没有学过概率的读者会哈哈大笑，说这个学生脑筋有问题。但是我要请问学过概率的读者，老师说得对不对？为什么一个乘客带炸弹上飞机的可能性是千分之一，两个乘客都带炸弹上飞机的可能性是千分之一乘以千分之一，等于一百万分之一呢？我还要请问你怎样向这位同学解释，他错在哪里呢？

再举一个简单的例子，它的思路和炸弹的问题是相同的。假如我们抛一枚硬币，结果是正面的可能性是 1/2，结果是反面的可能性也是 1/2；如果我们抛两次硬币，两次的结果都是正面的可能性是 1/2 × 1/2，那就是 1/4；如果我们抛三次硬币，三次的结果都是正面的可能性是 1/2 × 1/2 × 1/2，那就是 1/8；如果我们抛十次硬币，十次的结果都是正面的可能性是 1/2 的十次方，算出来差不多是千分之一。现在我要请问：假如看见一连 9 次抛硬币的结果都是正面，你会打赌下一次抛硬币的结果是反面吗？

的确，世界上的事在发生以前，我们无法断言它会不会发生。古时候，我们把一件事情发生的可能性归诸命运或归诸鬼神。事实上，经过分析和计算，我们可以估计出许多事情发生的可能性。例如说：掷一个骰子，结果是一个点的可能性是 1/6，结果是两个点的可能性也是 1/6；你去买一张彩票，在 49 个数字中选 6 个数字，可以很快地算出来中奖的概率是一千五百万分之一。反过来说，假如你要包盘的话，得买一千五百万张不同的彩票，以一张彩票两元钱来算，总投资要三千万元。大型建筑物里面有很多电灯泡，如果等一个电灯泡坏了再去换，不但要花很多人力跑来跑去，还要花上很多人力每天去检查到底哪个电灯泡坏了。比较有效的做法是估算电灯泡的寿命，例如说 6000 小时吧，每隔 6000 小时全部更换。虽然浪费了一些还可以用的灯泡，但是省下来的人力还是划得来。假如你每天坐公交车上班，有时才走到公车站，公交车也刚到，根本不用等，有时一到车站，公交车刚开走，就得花很长时间等下一班，但是，如果我们知道公交车发车的间隔时间的话，就可以算出平均等待的时间是多少。

古语说："天有不测风云。"其实，随着现代气象学的进步，天气预报是有很高的可靠性的。我不禁想到《三国演义》里诸葛亮借东风的故事。曹操用铁链把船队连接起来，打造了铁索连环船。周瑜想到，这些船连在一起动不得，如果起了火，后果是不可收拾的，一定可以把曹操打得大败。但是，时逢冬天，吹的是西北风，如果周瑜用火来烧连环船，不但烧不到曹操的船，反而会把自己的船都烧掉。周瑜闷闷不乐，生病了。诸葛亮去看周瑜，他把周瑜左右的人都支开，在手心写了 16 个字给周瑜看："欲破曹公，宜用火攻，万事俱备，只欠东风。"周瑜就问诸葛亮："那怎么办？"诸葛亮说："我可以帮你借三日的东南风。"诸葛亮登坛作法，果然东南风就吹起来了，周瑜大破曹操，病也好了。其实，我们可以推想，诸葛亮大概对气象颇有心得，他有数据资料，预估到会吹东南风，可不是真的作法把东南风借来了。

再回到刚刚带着炸弹上飞机的那位同学的故事。假如飞机上有两个人同时带了炸弹的话，可能性的确是百万分之一。但是，不管这个学生有没有带一个炸弹，剩下来的乘客里有一个人带一个炸弹的可能性还是千分之一。同样，关于抛硬币的问题，假如，你一连抛十次，十次的结果都是正面的话，可能性的确是千分之一。但是，如果我告诉你，我已经抛了九次，结果都是正面的话，那么第十次是正面的可能性还是 1/2。

■ 心理战胜数学

大家应该知道一句老话："福无双至，祸不单行。"按照上面的说法，假如一件好事发生的可能性是 1/10，两件好事先后发生的可能性是 1/10 × 1/10，等于 1/100，或者如果一件好事已经发生了，另外一件好事再发生的可能性还是 1/10；同样，假如一件坏事发生的可能性是 1/10，那么两件坏事情先后发生的可能性是 1/10 × 1/10，即 1/100，或者如果一件坏事发生了，另外一件坏事再发生的可能性还是 1/10，那为什么福和祸、好事和坏事会有两种不同的发生结果呢？

比较轻松地来说，这就是心理战胜了数学。严谨地来说，好事会再发生或者坏事会再发生的概率会受到前面已经发生的好事或者坏事对心理造成的影响，从而概率也改变了。当好事发生后，也许我们沾沾自喜，就松懈下来，不再努力了；也许我们变得更贪心，想争取更多的好处，反倒使第二件好事发生的可能性降低。当一件不幸的坏事发生，我们变得生气、失望、紧张、沮丧、不小心，所以第二件不幸的坏事发生的可能性就提高了。因此，当一个不幸的意外发生时，我们应当用平静的心情去处理，不要让第二个意外发生的可能性提高。

最后，再说一个东晋著名的书法家王羲之（303～361年，一作321～379年）的故事。中国人过年，很多人都喜欢在大门上贴一副春联。有一年，王羲之刚搬进新家，除夕夜就在大门上贴了一副春联。上联是"春雨春风春色"，下联是"新年新景新家"。上联描写春天的景色，下联描写新的气象，的确很不错。可是没多久，这副对联就被附近邻居偷走了。王羲之又写了一副新的对联，但是才贴上又被偷走了。眼看已经快半夜了，王羲之的家人都怕，如果再写新的还是会被偷走。但是，王羲之又写了一副新的对联，上联是"福无双至"，下联是"祸不单行"，让家人把这副对联贴在门上。别人看了说，这是一副倒霉的对联，白给都不要，还有人偷吗？等到半夜一过，王羲之在每个句末加了三个字，变成：

福无双至今朝至

祸不单行昨夜行

这真是一副大吉大利的好对联！说不定，王羲之也曾经学过有关概率的课呢！

PART 3

论 人

当老虎来敲门

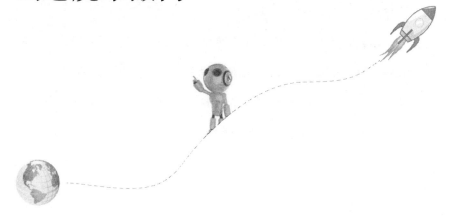

身为现代人，

经常担在肩上、挂在口上、放在心上的，

大概就是"压力"这两个字。

在现代社会里，我们一天到晚、一年到头担在肩上、挂在口上、放在心上的，总是"压力"这两个字。

你正在高速公路上开车，一辆爆胎失控的大货车迎面而来，你猛踩刹车但还是撞上去了，满脸是血，还担心坐在后面的孩子有没有受伤……这时你心跳加速、血压上升、头晕目眩、脑袋一片空白，这就是突发事件对生理造成的压力所导致的。

为了公司计划赶进度，天天加班至深夜，吃不好，睡不好，不停地泡浓茶、煮咖啡，身体没有力气，精神无法振作，这是长期劳累对生理造成的压力。

念初一的儿子，数学只考到 85 分，这学期能不能考进班上前五名，将来的中考、高考会考多少分，进不进得了一流大学，真让人担心；公司生意平平，老板脸色不好看，说不定有一天工作就没有了……这些都是心理上的冲击造成的压力。

■ 什么是压力

那么，什么是压力呢？让我先解释生理学中"体内平衡"这个概念。人和很多动物的身体中都有一些正常或者是理想的生理参数，例如身体的温度、体内的水分、血液中的糖分等，体内平衡正是将这些参数维持在正常范围内的一种机制。以下，我先指出几个相关的基本概念。

首先，有些参数的正常范围比较小，例如，我们正常体温是 37 摄氏度，上下不超过 1 摄氏度。有些参数的正常范围比较大，例如血糖的正常范围是每 100 毫升的血里含有 70 ~ 100 毫克的糖（刚吃过饭后，血糖增加到 140 毫克以内都是正常的）。诸位大概很难想象，其实我们身体里只有大约 5 升的血，所以总共只有 5 克的糖，差不多就是平常我们喝咖啡时一小包糖的分量。

　　其次，有些动物的某些参数是通过调整的机制，维持在正常范围之内的。有些动物的某些参数则会随着外在环境而适应改变。最明显的例子是，人类和哺乳动物的体温便是经由内在的调节维持在固定范围内。然而，许多爬虫类和鱼类的体温则是随着外界的温度而适应改变的。我们都知道，要维持固定的体温必须消耗较多的能量，反过来说，蛇能够一个星期进食一次的原因之一是它们在体温的调节上有较大的空间。这正是"温血动物"和"冷血动物"的区别。不过，"温血"和"冷血"这两个词是通俗的用法，并不表示血液温度比较高或比较低。

　　再者，这些调整的机制可能是多方面的。也就是说，身体可能通过几个不同的动作来达到调整一个参数的目的。以人体的体温调节为例，当外面温度高的时候，我们会流汗，经由汗水的蒸发而降低体温；而外面温度低的时候，我们就不会流汗了。当外面温度高的时候，皮肤表面的汗毛会躺平，增加表面空气的流动，因而达到散热的目的；当外面温度低的时候，皮肤表面的汗毛会站起来，形成一层隔热的屏障，这也正是天冷的时候皮肤会起鸡皮疙瘩的原因，鸡皮疙瘩就是让皮肤表面的汗毛站起来的机制。当外面温度高的时候，微血管会扩张，比较多的血会流到皮肤表面，达到散热的目的；当外面温度较低的时候，微血管会收缩，让较少的血流到皮肤表面，以减少热的散失。因此，天冷时皮肤会变得苍白，手指和脚趾会麻痹没有知觉；当外面温度降低的时候，身体会发抖产生热量，当然也因此消耗了存在身体里的热量。

第二个例子是有关血糖的调节。血糖的正常范围是每100毫升的血里有70～100毫克的糖，血糖过低会引起晕眩、疲乏、软弱无力等症状。血糖过高就是糖尿病，会造成肾、眼睛和神经系统的损害。当身体里血糖过低时，胰腺会分泌一种激素——胰高血糖素。胰高血糖素会把存在肝脏里的糖原变成糖送到血液里，当身体里的血糖过高时，胰腺会分泌另外一种激素——胰岛素，把血糖转变成糖原存回肝脏里。

■ 全由大脑发号施令

维持体内平衡的最后一个基本概念是，过去，医学家和生理学家相信，有些调整的功能是比较独立和片面的。如今，大家都同意，许多调整功能是全面的，并且由大脑来主导启动。

现在，可以回答"什么是压力"这个问题了。"压力"就是所有导致体内平衡受到干扰和破坏的外在因素。前面提过，车祸是突然的失控冲击，熬夜是长期的生理冲击，忧虑和紧张是心理上的冲击，这些都会影响我们的体内平衡，让身体对压力做出反应。这些反应包括把身体内储存的能量释放出来。例如，被老虎追的时候，我们得加快速度跑，同时把不是最迫切的工作暂时慢下来，例如：肠胃消化的功能、体内组织生长和复原的功能、免疫功能被压抑，对痛苦的感觉变得迟钝（例如战场上的士兵受了伤也不觉得痛），还有感官和认知能力方面的变化（例如耳朵对很小的声音也听得清楚，脑筋突然变灵活等）。

接下来我得交代一下，生理上的冲击会干扰和破坏体内平衡，引发身体对压力的反应。但是，心理上的冲击是来自还没有发生，甚至不会发生的事情，为什么也会干扰和破坏体内平衡，引起身体对压力的反应呢？前面说过，体内平衡的调整是由大脑主宰的，因为大脑有预估和期待的能力，即使是还没有发生的事，大脑也会启动体内平衡调整的功能。当压力产生的时候，身体会启动调整的机制，当压力过去之后，身体会关闭调整的机制。如果该启动时不启动，该关闭时不关闭，自然就会引发各种疾病。此外，反复地启动和关闭也会消耗能量，造成器官的耗损，引发各种疾病。后面我们再详细地谈。

当大脑面临生理或者心理上的压力，而使体内平衡产生变化的时候，大脑便会启动调节的机制。接下来，我们先看看大脑如何通过神经系统控制人体的器官和肌肉。神经系统分成两部分，一部分负责受我们意志控制的行为，例如走路、握手、说话等，另一部分则负责不受意志控制的行为，例如出汗、内分泌的产生、肠胃蠕动等"自律神经系统"的功能，就是负责对压力做出反应、完成调节适应的任务。

■ 激素传递信息

负责维持我们体内平衡的神经系统又分成两部分——交感神经系统和副交感神经系统，两种神经系统有互补的功能。

当紧急、意外、刺激的情况发生时，交感神经系统就会发生反应，瞳孔扩张，让较多的光进入眼睛，压抑唾液分泌，把水分供给其他器官紧急使用；心跳速度加快，增加流到肌肉和肺的血液，减少流到内脏和皮肤的血液，让肺的支气管扩张，以增加氧气的交换，压抑消化功能的进行，增加肾上腺素的分泌和刺激性功能的反应，因为这才是当务之急。换句话说，交感神经系统让我们的身体进入一个兴奋、警惕、戒备的状态，以应付外来的干扰。

反过来，当身体在平静放松的状态下，或者吃得饱饱，或者在睡觉，副交感神经系统就会发挥功能，瞳孔收缩，让比较少的光刺激视神经，唾液分泌变多，刺激胃的消化功能，增加肠的蠕动，连接到消化系统的血管也会扩张，增加血液流动，帮助食物消化和营养吸收，因为氧气需求较少，肺的支气管会收缩，心跳也会减速。换句话说，副交感神经系统让身体休养生息，把养分储藏起来，让身体生长发育。

那么，大脑如何控制器官和肌肉的行为呢？大脑经由激素把信息传递到器官和肌肉，这些信息包括心跳的加速、能量的释放、身体的新陈代谢和生长发育、免疫功能的启动和压抑等。其中，激素扮演的正是信差的角色。

激素的英文是"hormone"，在希腊文中有"带动、刺激"的意思。大脑经由激素的带动，刺激器官和肌肉的各种生理活动，在我们身体里，脑下垂腺、甲状腺、胰腺、肾上腺、卵巢、睾丸都会分泌不同的激素。过去的观点是，这些腺体都是单独运作，近代的观点则认为它们并非完全单独运作，而是由大脑全面主导。不同的激素传递不同的信息，其中有些与对压力的反应有密切关系。这些激素或者经由交感神经系统的末梢神经，或者经由血液传递到器官和肌肉。

压力会干扰破坏我们的体内平衡，身体也会因而做出一定的反应，以试图恢复原来的平衡。在这个干扰和反应的过程中，意外有时的确过去了，一切又重回风平浪静的世界。但是有时候，这些干扰会引起或轻或重的疾病，甚至是无法恢复的损坏。让我们举几个例子，来看看压力对身体的影响。

■ 如果天天碰到老虎

首先，来看压力对心血管系统以及其他器官的影响。当你在山上遇到老虎，回过身来逃命时，交感神经系统就会启动，副交感神经系统就会关闭，因为肌肉需要能量，储存在肝脂肪细胞或者肌肉本身的脂肪、蛋白质和糖都会被征召，经由血液送到肌肉，此时送得越快当然越好，所以心跳的速度就会增加。同时，为了增加心跳的力量，交感神经系统会让流到心脏的静脉收缩硬化，因此通过静脉回流到心脏的血液会以比较大的力道冲击心房，心房就像一根拉紧的橡皮筋，以比较大的力反弹，把血液送出去，因此血压就会上升。此外，把血液送到肌肉的血管会张开，增加血液流通，把血液送到重要的地方，例如消化系统的血管会收缩，暂时减少流到消化系统的血液。

还有，你的身体不能缺水，因为肾的功能是把血液里的水分离出来排到身体外面，所以如果缺水的话，不但流到肾的血会减少，肾功能也会慢下来。

我们常讲的一个笑话，其实也是事实，老虎快要追上来的时候，被吓得一裤子都是尿，这又怎么解释前面所说的身体在这个时候不能缺水呢？大家都知道，人体经由肾脏排到身体外面的水先储存在膀胱里。膀胱是一个简单的容器，储存在膀胱里的水已经不能够回流到身体里来应急，只是一个负累，所以当你快跑逃命的时候，就会不由自主地把这个沉重的包袱甩掉。假如你运气好，打虎的武松突然出现，让你逃过一劫，体内平衡便会回到正常状态，交感神经系统休息，副交感神经系统开始执行任务。

我们大概一辈子也没有机会遇到老虎。假如你真的天天碰到老虎，或者经常因为别的压力因素引起相似的生理反应的话，身体就会出现对你不利的情形。

首先，交感神经系统和副交感神经系统是相互作用的。紧张时，交感神经系统会启动；放松时，副交感神经系统会介入。如果整天都处于紧张状态，没有片刻可以放松，副交感神经会因为很久没有工作而变得迟钝，连可以放松的时候也不能得到松弛的效果，最后变成一个恶性循环。

压出来的文明病

高血压、新陈代谢症候群……

可能都是压力在搞鬼。

"压力"就是任何会导致体内平衡受到干扰和破坏的外在因素。常见的压力包括突然短暂的生理冲击（例如跟别人打架）、持续的生理冲击（例如长期的睡眠缺乏），以及心理上的惊吓、紧张和忧虑。

面临压力时，身体会启动若干机制来做回应，例如，心跳加速、血压上升等。当压力过去之后，这些生理上的反应也该停止，让身体恢复到正常的体内平衡状态。但是，持续的压力加上身体调节功能的衰退会让身体持续偏离正常的平衡，就会引起各式各样的疾病了。

前面我们提过压力对心血管系统的影响，接下来再谈谈长期压力让血压长期过高所导致的影响。

持续的压力让心跳速度和血压超出正常的范围，久了就会出问题。心脏把血液送出去时的力度叫作"收缩压"，正常值在140mmHg（毫米汞柱）以下；把血液送回心脏的力度叫作"舒张压"，正常值在 90mmHg（毫米汞柱）以下。超出正常范围，就算是高血压了。

血压过高的时候，负责把血液送到全身的小血管为了应付增加的压力，管壁的肌肉会变厚，血管因此变得比较僵硬，血流也不如以往通畅，血压因此跟着再增高，陷入恶性循环。当血压增高的时候，心房受到的冲击力也随之增加，特别是左心室。为什么呢？血液带着氧气流到身体各部位后被收集回右心房，经由右心室送到肺，在肺里交换吸取氧气后回到左心房，再输送到身体各部位。整个过程中，左心室受到的冲击最大，因此左心室的肌肉会变得肥厚。如果左心房变得特别大，心脏失去均衡，就会引发心律不齐，而且，过大的左心室需要更多的血液，也会引发不均衡的问题。

当血压持续维持在高数值时，血管分支点受到的血流冲击压力最大，也因此会破损，血管的内壁撕裂发炎。在这些发炎的地方，脂肪、胆固醇、血小板等杂七杂八的东西容易凝聚起来，成为所谓的"斑块"。这些斑块会把血管堵塞，影响血液流通。假如这些堵塞使得往下半身流的血液不够，走路时因为没有足够的氧气和糖分被送到下半身，胸口和脚都会疼；假如这些堵塞使得往心脏流的血液不够的话，就会引发各式各样的心脏病了。如果凝在血管壁的斑块碎片掉落漂游在血管里，就是血栓。当血栓把心脏的某条血管堵住，就会引发突发性心脏病；当血栓把大脑的某条血管堵住，就会引发中风。

前面说明了压力对心血管系统的影响，接着要谈谈压力与身体新陈代谢的关系。

■ 压坏身体的应变机制

首先，我们知道鸡鸭鱼肉、豆腐蔬菜等食物经过消化后会被分解成简单的分子，再经由血液送往身体的各部位。蛋白质会分解成氨基酸，淀粉、糖和碳水化合物分解成血糖，脂肪则分解成不饱和脂肪酸和甘油。这些简单的分子被送到身体的各部位，促进身体成长，并作为维持身体各功能正常运行的能量。不过，当你吃了一顿大餐之后，产生的养分不会马上全部被各个器官消耗掉，剩下的先被储存起来，不会任其在血液里浮游。

身体中用来储存养分的最重要的器官就是肝。好比我们每个月领工资，不会一下子把钱都用掉，也不会把钱带在身上到处乱花，而是把大部分钱存在银行，再慢慢使用。不过，我们的身体不是把氨基酸、血糖这些养分直接储存，而是先将氨基酸转换成蛋白质，血糖转换成糖原，不饱和脂肪酸和甘油转换成甘油三酯。等到身体需要养分时，再反过来转换成氨基酸、血糖等，再送到需要的部位去使用。这也和把工资存在银行的例子有相似之处，我们不一定总是把现金存进银行，需要时再把现金提出，有时也会把现金转成股票、债券等，等到要用钱时再把股票卖掉，换成现金来用。这就是我们正常的"消化、吸收、储存"的循环。

当身体因应付压力而需要额外的能量时，会如何应变呢？首先，身体马上会将血液中的养分转换成糖原和甘油三酯，而且把储存养分的动作停下来，同时将储存在脂肪里的糖原和甘油三酯转变成血糖和不饱和脂肪酸，送到血液里。这些转换动作都是由交感神经分泌的激素引发的。同时，身体还有一些聪明的小动作，例如当老虎在后面追，你在逃命的时候，腿部肌肉需要额外的养分，但肩膀和肚子的肌肉就不需要，也不该在这时分享这些养分。我们身上的激素有一个机制，只让腿部肌肉吸收血液里的养分，甚至肩膀和肚子肌肉里储存的蛋白质也会被征召转换成氨基酸，肝也会制造新的血糖……这些都是应急的动作。

前面说过，假如一辈子只遇到一次老虎，危机过后，身体就会恢复到原来体内平衡的状态。如果长期承受压力，那么身体就会吃不消。

食物经过消化后，养分被分解成简单的分子，包括氨基酸、血糖、不饱和脂肪酸和甘油，经由血液带到身体各部位，消耗不完的则转换成不同分子储存在肝和其他地方。当压力引发额外的能量需求时，这些储存起来的养分又再转变成氨基酸、血糖、不饱和脂肪酸和甘油，由血液送到身体各个地方。首先，持续的压力会带来长期反复不断的能量需求，也就是频繁的养分转换。养分的转换需要消耗能量，就像你不停地把钱存进银行又提出来，钱不仅不能生利息，还得花费好多存取款的时间。其次，很多蛋白质都存在肌肉里，如果不断把蛋白质存进又提出分解，肌肉可能会因为过度操劳而萎缩。此外，压力增加时，血液里的血糖、脂肪都会增加，这些对身体来说都不是好事。

■ 平不平衡很重要

在这些脂肪中，我们先来谈谈大家都听过的胆固醇。胆固醇是一种身体必需的、具有多种功能的脂肪。人体会自行制造胆固醇，也会从食物里吸收。身为脂肪的一种，胆固醇依附在血管壁上就会引发血管堵塞和硬化。胆固醇本身无法溶在血液里，而是依附在一些蛋白质上，在血液里流动，就像把胆固醇装在一个箱子里，然后放入河里流送。然而，胆固醇可能依附的蛋白质是不同的。有些胆固醇依附在低密度的蛋白质上，就是称之为 LDL 胆固醇，这些是会在血管壁上形成斑块的胆固醇，也就是所谓"坏的"胆固醇。有些胆固醇依附在高密度的蛋白质上，这就是我们常说的 HDL 胆固醇，也就是所谓"好的"胆固醇。回到前面的比喻，有些胆固醇装在 LDL 的箱子里，目的地是血管壁，对心血管系统是不好的。有些胆固醇装在 HDL 的箱子里，目的地是肝脏，对心血管系统是好的。所以，在体检时，我们希望血液中 LDL 胆固醇低、HDL 胆固醇高。

接着，来看看血液中血糖增加的问题。前面提过，胰腺会分泌一种胰岛素，胰岛素会把血液里过多的血糖变换成糖原存在肝脏里，当血糖过低或者因为应付压力所需，胰腺又会分泌另一种升糖素，能将储存在肝脏里的糖原转变成血糖，送回血液中。

压力来临时，血液中的血糖和肝脏里的糖原反复交换的行为增加。如果胰腺不能够分泌足够的胰岛素或者胰岛素不能发挥功能，就会引起糖尿病。糖尿病有不同的类型，我们将在此讨论跟压力有密切关系的两个类型。

因为某些目前尚不清楚的原因，免疫系统会误以为胰腺分泌胰岛素的细胞是外来敌人，而加以破坏。其实胰岛素有两个重要的功能，除了把血液中的血糖转成糖原，存在肝脏里之外，另一个重要功能是，帮助身体里的细胞吸收血液中的血糖。因此，缺少胰岛素的两个后果是：第一，血液中血糖过多，过多的血糖会附在血管壁上，引起血管堵塞硬化等问题；第二，身体许多细胞因为缺乏血糖等养分，器官功能会出问题。

从 1920 年开始，当身体缺乏胰岛素时，我们可以注射人工合成的胰岛素来补偿。然而，维持体内胰岛素在适当的平衡点不是一件简单的事情。胰岛素过少的结果就是功能不彰，胰岛素过多会引起休克、昏迷。使用胰岛素的糖尿病患者都知道，当身体遇上压力的时候，体内血糖和不饱和脂肪酸的分量就会变动，使得平衡问题更加复杂。此外，压力会增加体内细胞对胰岛素的抗拒，这对需要注射胰岛素来维持体内平衡的人来说，又增加了一个变数。

至于第二个类型的糖尿病，不是因为身体没有足够的胰岛素，而是体内细胞对胰岛素产生抗拒。例如，身体太胖时，我们储存脂肪的细胞已经满载，额外的脂肪没有储存的地方，这时胰腺还是会分泌胰岛素，想去刺激脂肪细胞，但是脂肪细胞却不再理会胰岛素的刺激。这样一来，胰腺还是蒙着头不断制造胰岛素，使得胰腺受到损害，失去制造胰岛素的功能，就变成前面提的第一类型糖尿病。

心血管系统与新陈代谢系统的疾病可以说是相互关联的。血压过高、胆固醇过高、体重过高以及胰岛素的抗拒，差不多是互为因果，有了一个，其他也很容易会出现。这一切都是压力在搞鬼。

忙不停又瘦不了

感受压力时，大脑会刺激好几种激素释放，

而其中之一就有刺激食欲的作用。

在大脑的主宰引导之下，身体会自动维持体内平衡的状态，而压力就是导致体内平衡受到干扰和破损的外在因素。压力有短暂的也有持续的，有生理上的也有心理上的。交感神经系统会因为压力而做出反应，副交感神经系统则负责在压力消失后恢复体内平衡。前面我们提过压力对心血管系统、新陈代谢功能的影响。接下来，我们要谈的是压力对消化系统和免疫系统的影响。

医学上观察到，在承受压力的情况下，有些人吃得比平常多，有些人吃得比平常少，大约是 2∶1。为什么呢? 感受到压力时，大脑会刺激好几种激素的释放，其中有一种叫作"促肾上腺皮质素释放激素"，它会压抑食欲，这跟我前面提过的是一致的。处在压力状态下，消化不是当务之急，因此会慢下来。另外还有一种"糖皮质激素"，则会增加血液中流动血糖的分量，因为在压力之下，我们需要能量来应急。但是，这种激素也有刺激食欲的功能。

到底我们的食欲是被压抑了还是被刺激了呢？答案是，当压力发生时，第一种促肾上腺皮质素释放激素会很快被释放到血液里，第二种糖皮质激素则比较慢。当压力过去后，第一种激素很快就会消失，第二种激素却会存在比较长的一段时间，这也正好解释了当压力发生时，我们一般人都会感到没有胃口，而当压力过去后，在恢复的过程中就胃口大开了。如果压力维持很长一段时间的话，我们就会有很长一段时间胃口很差；如果压力是断断续续的，来了又过去，再来又再过去，就会让许多人不断地猛吃，不少上班族都有这样的经验。

■ 别让"苹果腰"上身

糖皮质激素因为要帮助身体在压力之后复原，所以不但会刺激食欲，也会帮助储存能量，它会刺激身体的脂肪细胞，让脂肪细胞分泌一种酶或者酵素，分解血液中的养分，然后储存在脂肪细胞里。身体的脂肪细胞可以分成皮肤底下的脂肪细胞以及肚子里的内脏脂肪细胞，假如大量脂肪储存在腰围以下、屁股附近的皮肤脂肪细胞里，体形就会变得像个梨子；假如大量的脂肪储存在肚子附近的内脏脂肪细胞里，体形就会像苹果。坏消息是，糖皮质激素会刺激肚子里的内脏脂肪细胞，将脂肪储存起来，形成苹果状的体形。因为储存在肚子里的内脏脂肪离肝比较近，容易跑到肝那边，这是苹果体形的缺点。也许甘蔗体形比较理想吧！

接着，来谈胃肠消化系统的功能。首先，消化食物是要消耗能量的，咀嚼食物也有运动量。我们的胃除了化学作用外，还通过持续的收缩动作来消化食物。小肠的蠕动可将食物从小肠上端推到下端，在这个过程中，小肠将食物养分吸收送到身体各部位去。大肠也有同样的蠕动，把食物中剩下的废物变成粪便排到身体外面。此外，大肠还要负责一件事：在消化的过程中，在嘴里、胃里、小肠里，身体要不时地把水分加到食物里，让食物变成糊状，好让养分被分解吸收，到了大肠，大肠负责把水分回收，送回身体。这再一次回应前面的说法，压力会把消化功能减缓下来，这也是在紧张的时候，嘴里的唾液会减少却不觉得口干的原因。总而言之，消化功能大约会消耗掉身体能量的 10%～30%。

身体要排泄到外面的水会储存在膀胱里，但是外来的压力会导致失控。同样的，经过消化的食物变成要排泄到外面的粪便，要先储存在大肠里，外来的压力也会导致失控。前面提过，大肠的功能是要把食物里的水分回收，如果大脑因为对外来压力的反应而来不及把水分回收的话，就会紧张时拉肚子。

讲到压力，大家就会想起胃溃疡。"溃疡"指的是某个器官壁破了一个洞，跟消化器官有关的主要是胃溃疡和十二指肠溃疡。一直以来，医学家都认为引发胃溃疡的主要原因是压力。直到 1983 年，两位澳大利亚医生巴里·马歇尔（Barry J. Marshall, 1951 ~）和罗宾·沃伦（J. Robin Warren, 1937 ~）发现，幽门螺旋杆菌是引发消化性溃疡的主要原因，这是一个重大、出乎意料的发现。把导致溃疡的真正原因找出来之后，我们就可以用有效的抗生素来治疗溃疡。马歇尔和沃伦也因此在 2005 年获得诺贝尔医学奖。

话说回来，虽然幽门螺旋杆菌是引起胃溃疡的直接原因，仔细地去看，压力还是一个可能的相关因素。

我们分泌胃酸来消化食物，为了避免胃酸伤害胃壁，胃里会分泌若干浓厚的黏液，一层层地来保护胃壁。压力来的时候，胃酸的分泌会减少，黏液的分泌会减少。压力过了之后，身体轻松下来，胃酸的分泌往往会因为压力过后的大吃大喝而增加，此时保护胃壁的黏液还是比较少，胃酸就可能会损害到胃壁了。再者，压力来的时候，流到消化系统的血液会减少，胃壁微血管因为缺氧而枯死，形成小块，也成为溃疡的开端。

我们已谈过压力对心血管系统、新陈代谢功能以及消化系统的影响。接下来，要谈的是压力对免疫功能的影响。

■ 压力 VS 免疫力

人体的免疫功能可以分成先天免疫功能和后天免疫功能。先天免疫功能可以说是对外来微生物包括病毒、细菌、真菌和寄生虫的第一道防线，后天免疫功能则是第二道防线。

先天免疫功能是与生俱来的一般性反应，而非对某种特定微生物的反应，也是迅速的反应。而且，先天免疫功能对微生物没有免疫记忆的能力。换句话说，当身体一再遇到同样的微生物时，还是一再有同样的反应。先天免疫功能就像人体对外来微生物和杂物的阻挡屏障，皮肤、鼻毛、呼吸道和食道里的黏膜就像城墙般把想要入侵的敌人拦下，眼泪、咳嗽、打喷嚏也是驱除入侵敌人的动作。另一个常见的表现是发炎。"发炎"的拉丁文字源是"着火"的意思，发炎的症状是发红、发热、疼痛、肿胀。发炎也是一个相当复杂的生理反应，主要靠身体里的白细胞和其他的化学物，把外来的微生物破坏消除，让受损害的组织复原。

后天免疫功能则是脊椎动物才有，是在我们出生后才建立起来的功能，对特定微生物有辨别和防御的功能，反应较慢且对微生物有免疫记忆的能力。换句话说，当身体遇到以前碰到过的病毒和细菌，身体会知道如何应付，这正是身体或者经由自然的过程感染到，或者经由人工注射、口服疫苗而建立起的免疫功能。后天免疫功能主要依赖人体内的两种淋巴细胞——T 细胞和 B 细胞。两种细胞都在骨髓里制造，只不过 T 细胞储存在胸腺，B 细胞储存在骨髓里。

这些细胞也储存在脾脏和淋巴结里，通过淋巴液和血液循环，到身体各部位和病毒、细菌"打仗"。不过，T 细胞和 B 细胞"打仗"的手段不同——T 细胞的手段比较激烈，会产生毒性直接把病毒和细菌杀掉；B 细胞的手段比较缓和，产生抗原把病毒和细菌包起来，让病毒和细菌不能活动，然后再予以消灭。

这是对身体免疫功能的简单介绍。我相信大家会得到两个印象：第一，身体的功能的确非常神妙；第二，身体的功能有其道理，有不同层次的防御，也有不同的手段和方法，达到消除外来干扰和破坏的目的，实在了不起。

截至目前，我们只描述了压力对人体免疫功能的生理层面的影响，那么对心理的免疫功能有没有影响呢？答案是有的。科学家曾经做过一个实验，在对玫瑰花敏感的人面前放一束假的玫瑰花，如果受试者不知道这是假的，就会对玫瑰花产生敏感反应。另一个实验是，科学家把压抑免疫功能的药物混在有香料的饮品里给白老鼠喝，一段时间后，喝了仅有香料而没有药的饮品的白老鼠，也会有压抑免疫力的后果。压力对免疫功能究竟有什么影响？

让我们先做一个生理上的解释。大脑通过什么机制来影响免疫功能呢？前面提过，在压力之下，大脑会命令交感神经刺激某些激素的分泌，例如糖皮质激素，这些激素会压抑淋巴细胞的形成，减慢新的淋巴细胞释放到血液中的速度，缩短血液中的淋巴细胞循环的时间，甚至把淋巴细胞消灭掉，压抑抗体的形成以及先天免疫的功能，例如发炎等。看到这里，你一定会说："我懂了，你在告诉我压力会降低免疫功能。"这似乎跟前面提过的一样：压力产生时，身体为了应付许多额外的能量需要，也会让免疫系统的运作暂时慢下来。这个答案只对了一半。

事实上，压力刚出现时，免疫功能是增强的。直觉地想，这是颇有道理的，因为身体进入戒备状态。如果压力持续的话，免疫功能就会慢慢回到基点，压力再持续的话，免疫功能就会降低到基点以下了。为什么身体要避免让免疫功能长期提升呢？一个很好的比喻是，如果让军队长期处于高度警戒状态，首先会消耗能量，其次会有擦枪走火的危险。所谓"擦枪走火"指的是免疫系统把自己身体的某些细胞误认为外来入侵者，而发动予以消灭破坏的动作，医学上称之为"自体免疫疾病"。

我们都知道，长期的压力会降低身体免疫的功能，但是不是也增加了感染疾病的可能、降低我们对抗已经感染了的疾病的能力呢？这个怀疑很有道理，也有些证据支持这个怀疑，然而就科学的观点来看，这些说法仍未被清楚地证实，例如有研究指出，过着孤单生活、人际关系较薄弱的人，平均寿命比较短，也容易受传染病的影响。那么，我们知道艾滋病的病征是身体免疫功能被压抑破坏，那么压力对艾滋病的引发会有多少影响？对已经患有艾滋病的人有多大的影响？同理，压力对癌症的引发有多大的影响？压力对已经患有癌症的人有多大影响？

这些在目前都尚未得出清晰的、科学的答案，因为除了生理因素外，心理的反应、生活方式的改变都可能是相关的因素。

"阿片接收器"与难忘的猫王

没错，适度的压力能让人忘却疼痛、记性变好，

过度的压力当然就会适得其反了。

我们谈过了压力对心血管系统、新陈代谢、消化系统及免疫系统的影响。接着，我们来看看压力对疼痛感受以及记忆力的影响。

要谈压力对身体疼痛感觉的影响，首先得了解，我们在生理上身体如何感觉疼痛。人体中有许多神经末梢，当这些神经末梢感受到可能伤害我们的机械性刺激（例如割伤）、温度的刺激（例如被开水烫伤），或者化学物刺激（例如分泌过多胃酸）时，神经末梢会送出一个信号到脊髓，再由脊髓传送到大脑。脊髓是神经系统的一部分，扮演中继站的角色，把信号处理后传送到大脑，并接收大脑传来的指令，也执行某些指令。脊髓也会对神经末梢受到的刺激直接做出反应，就是所谓的"脊髓反射作用"。当手指碰到火的时候，我们会马上把手缩回来，这就是没有经过大脑的脊髓反射作用。

末梢神经受到疼痛刺激时，会经由两种不同的神经纤维把信号送到脊髓。一种神经纤维负责传送突然、尖锐的疼痛，另一种负责传送持续、轻度的疼痛。正因为神经纤维做了这样的分类，在脊髓里负责把信号送到大脑的神经细胞对这两种疼痛的处理方式也有所不同。负责把信号送到大脑的神经细胞，受一个禁止把信号送出去的神经细胞控制。

一个从神经末梢传来的突然、尖锐的疼痛信号，会刺激相应神经细胞把信号送进大脑，经过短暂的时间，这个疼痛信号会刺激另外的神经细胞，禁止它把疼痛信号送到大脑，这就解释了为什么我们被刀割、被针戳时，疼痛一下子就过去。但是，一个从神经末梢传来的持续、轻度的疼痛信号会刺激负责的神经细胞把信号送到大脑，却不会刺激负责禁止的神经细胞，疼痛信号就会不断地送到大脑。

■ 压抑神经细胞来减痛

这个模式也解释了，当我们的皮肤痒时用力去抓，肌肉疼痛时用力去按摩，会觉得比较舒服。皮肤痒和肌肉疼痛是持续的、轻度的疼痛信号，这个信号会不断地被送到大脑，如果加上一个突然、尖锐的疼痛信号——用力抓皮肤或用力按肌肉，这个疼痛信号就会刺激负责管控的神经细胞，不让"发讯神经细胞"继续把疼痛信号传出去。所以，一停下来不抓，皮肤又痒起来，停止按摩动作，肌肉又会疼起来。在这个模式里，发信号给大脑的神经细胞，也同时受到大脑控制。大脑也会倒过头来，把信号送到"发讯神经细胞"，以加强或压抑"发讯神经细胞"的反应。

当大脑接收到"发讯神经细胞"送来的疼痛刺激信号后，对这些信号的解释和反应绝非机械式的一板一眼。事实上，心理因素、情绪因素扮演着非常重要的角色，使得大脑会主观地压抑疼痛的感觉。

压力跟大脑对疼痛刺激的反应究竟有没有关系？答案是有。压力会减轻乃至消除身体对疼痛的反应，都是由于心理和生理的因素所致。战场上的士兵忘记受伤的疼痛，运动场上的运动员忘记肌肉疲乏的疼痛，都是压力减轻疼痛的例子。

有趣的是，从生理的角度来看，我们可以清楚找出"压力减轻身体对疼痛的反应"的线索。多年以来，大家都知道阿片（即鸦片）、吗啡、海洛因这些药物有减轻疼痛的功能，而且化学结构相似。到了 1970 年，科学家把答案找出来了。这些药物会和大脑里的一种叫作"阿片接收器"的蛋白质（RGS4 蛋白）结合起来，然后从大脑倒过头来送一个信号到脊髓，把疼痛刺激信号送到大脑的"发讯神经细胞"，压抑它的反应。

不过，阿片类止痛药都是人工制成进入到我们身体里的化学品。人体本身会不会产生相似的化学物呢？答案是会的，而且压力会刺激身体分泌这些和止痛药相似的化学物。因此在压力之下，我们的确会忘记或减轻疼痛的刺激。

这个发现又有另一个有趣的结果。多年来，在东方医学里，我们都知道针灸有消除或减轻疼痛的功能，为什么呢？现在有足够的证据显示，针灸会激发身体分泌这些和阿片相似的化学物，但是为什么针灸会有这个功能？目前我们仍停留在"只知其然，而不知其所以然"的阶段。

另一方面，我们也知道，在许多情形下，压力会提升我们对疼痛刺激的感觉。半夜牙齿疼，打电话给牙医，只听到留言机的回应，牙齿疼得越来越厉害。虽然直觉来说，压力提高了身体的警觉性，因此身体对疼痛的反应也特别敏锐。不过，在找到确凿的生理证据以前，我们还是得回到前面所说的，大脑对疼痛的反应是会受心理和情绪因素影响的。

最后，也是大家最关心的问题：长期持续的压力加上长期持续的疼痛，会对身体有什么特殊影响吗？尤其如前所说，压力会让身体分泌和止痛药相似的化学物质，减轻疼痛的感觉。长期的压力将导致身体长期分泌这些化学物质，总不是好事吧。好消息是，也许因为身体无法长期分泌这些化学物质，所以医学上的证据是"压力降低疼痛的效果会消失"。

■ 记不住，忘不了

接着，让我谈谈压力对记忆力的影响。

首先，简单地了解什么是记忆力。"记忆力"就是接收、处理、储存和检索信息的能力。在身体里，大脑是负责记忆的器官，尤其大脑的不同部位负责不同的功能，最重要的两个部位是大脑皮质和海马体。前者就像电脑里的硬盘，信息都储存在那里；后者如同电脑的键盘，负责处理信息，也把信息转移到大脑里。

记忆可以分成三个层次——感官记忆、短期记忆和长期记忆。感官记忆就是保存通过感官接收到的信息的能力，例如，通过视觉接收的印象、通过听觉接收的声音，感官记忆最多只能维持两三秒钟，信息就会从感官记忆转成短期记忆。短期记忆是被接收、储存后马上提取的信息，能够维持 30 秒钟左右。

感官记忆和短期记忆有两个不同的地方，其一是感官记忆的容量很大，短期记忆的容量则相当有限。一个很有名的实验结果是，我们的短期记忆只能够容纳七个左右的项目，例如看到一连串的英文字母，短期记忆只能够记住几个字母。其二，感官记忆对数据是不做任何处理的，短期记忆会对信息做一些处理，以增加短期记忆的容量。一个简单的例子是，把信息分成小段，例如把11个数字的手机号码分成三段，会比较容易记住。

再来，短期记忆又会再转成长期记忆。长期记忆的容量几乎是无限大，可以维持到差不多一辈子。长期记忆是不断改变的，某些部分会被清晰保留，某些则被模糊地保留，某些部分终将完全消失。此外，长期记忆里的信息是有关联性的，这些关联性的建立会随着时间改变。例如，从女儿生日会的记忆，让你联想起她的某位老师念过的大学……有一句话说的正是一个上了年纪的人长期记忆的变化——"要记的记不住，要忘的忘不了"。

记忆的能力也可以分成两类：一个叫作"陈述性的记忆"，就是对数字、人物、事件记忆的能力，例如，好朋友的生日是哪一天，上周老板对你讲了哪些难听的话。另外一个叫作"程序性的记忆"，是对行动的记忆，例如，怎么骑自行车，怎么系鞋带，怎么弹钢琴。这两类的记忆是可以转移的，例如刚学骑自行车时，你会记得眼睛往前看，挺起胸膛，车子快要倒的时候要用力踩，这些是陈述

性的记忆。学会了骑车后，一切都会变成程序性的记忆，很自然
地从大脑里跑出来，而且过了一二十年也不会消失。练舞的时候，
记住左脚右脚、前前后后的舞步是陈述性的记忆。舞林高手在表
演时，靠的就是程序性的记忆了。

医学上有两个重要、有趣的例子。

第一个例子是，一个名为 HM 的病人（为了保护病人的隐私权，
他的名字是保密的），现在已经八十多岁了。在他 27 岁时，医生
为了治疗他的癫痫，割掉了他的部分大脑，这让 HM 失掉了把短
期记忆转成长期记忆的能力，也就是说他没有保存新信息的能力。
例如，他不会记得昨天中午吃了什么东西，但是记得 16 岁以前的事。
虽然丧失了开刀前 11 年和开刀以后的记忆，他的视觉和听觉却是
正常的，语言能力也很强。尽管 HM 没有把新信息加到陈述性记
忆里的能力，但他还有学习新东西的能力，可以把这些信息加到
他的程序性记忆里。

第二个例子是在报纸上看到的一篇报道，美国洛杉矶有一位
42 岁的女士，她对自己 14 岁后每天的生活细节都记得非常清楚。
你说 1977 年 8 月 16 日，她会告诉你那是星期二，素有"摇滚乐歌
手之王"称号的埃尔维斯·普莱斯利（Elvis Presley，1935 ～ 1977
年）就是在那天去世的。她说，这种异常的记忆力有正面也有负
面的影响。遇到困难时，她会有种温暖的感觉和信心，相信自己

会把问题解决，但是也会记得每一个犯过的错误、每一次被人羞辱的经历，因此经常睡不好，完全没有办法自主控制这种记忆能力。此外，她理解抽象概念的能力比较差。的确，大脑是个非常复杂、奇妙的器官。

那么，压力对记忆力的影响又是如何？轻度、短暂的压力有助于提升记忆力，这正和我们的直觉一致，压力的确会让我们提高警觉、集中注意力。在一个实验里，把两个架构相似的故事念给两组人听，第一组的故事内容比较平淡，第二组的故事内容中有一个比较刺激的段落。几个星期后发现，第二组的人对比较刺激的段落记得比较清楚，原因是兴奋和激动让交感神经系统分泌的激素对记忆是有帮助的。为了证实这个论点，当科学家把压抑交感神经的药注射在第二组人身上后，他们对故事平淡的部分和第一组的人记得的差不多，对比较刺激的那部分却不再清楚记得了。交感神经系统不但间接提高了大脑海马体的活动，也增加了谷氨酸的产生，谷氨酸对记忆是有直接助力的。

不过，长期强大的压力对记忆力的影响是负面的。前面提过，在压力之下，身体会分泌糖皮质激素。大量的糖皮质激素对大脑海马体是有害的。糖皮质激素会让神经细胞间的连接受损，减少新的神经细胞的产生，甚至引起神经细胞的死亡。这句话表面上有点矛盾，因为按照上面的说法，在轻度短期的压力下，少量的糖皮质激素对海马体有帮助，但是在长期强大的压力状态下，大量的糖皮质激素对海马体有害。

睡得好，人不老

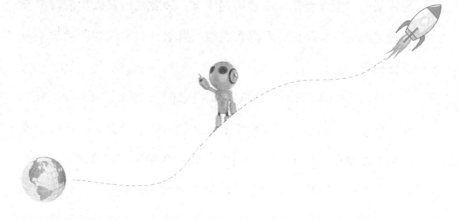

睡眠堪称人生大事。睡眠不足时，
激素该减少的没少，该多的不够，
对身心都造成压力。

人的一生中有三分之一的时间都花在睡眠上。然而不论在医
学还是生理学、心理学上，睡眠都是个尚未被完全了解的状态和
过程。动植物和人类体内都有一个生物钟，由身体里的内分泌主宰，
功能之一就是控制睡眠和清醒的循环。换句话说，生物钟会告诉
身体"睡觉的时间到了"；白天活动的时候，身体会产生一种发
送神经信号的化学物质腺苷酸，这种物质会降低身体维持清醒的
功能。当脑子里的腺苷酸积聚到一定程度，我们就想睡觉了。

　　在生理学上，睡觉就是失去知觉但会自动复原的生理状态，身体某些功能也会停止或者缓慢下来。睡觉的时候，我们对声音和触觉的反应会降低，新陈代谢也会降低，但大脑的活动却是相当复杂的。

　　我们常把睡眠分成"浅眠"和"沉睡"，或者"有梦的睡眠"和"没有梦的睡眠"。生理学有个比较清晰的分类，将睡眠分成"眼球迅速移动的睡眠"和"眼球没有迅速移动的睡眠"。后者可再分为四个阶段：第一个阶段是昏昏欲睡，眼球还是会慢慢移动，肌肉活动降低，也很容易被叫醒；第二个阶段则是浅睡，眼球移动停止、心跳减缓，体温也降低；第三和第四个阶段是沉睡，在这两个阶段是不容易被叫醒的。

　　睡觉的时候，我们从第一阶段开始进入第二阶段，然后第三、第四阶段，再倒过来，从第四阶段回到第三阶段、第二阶段，这时转入眼球迅速移动的睡眠期。此时，眼球开始迅速移动，眼皮也会跳动，有做梦情形出现，呼吸加速且不规则，心跳和血压也增加，大脑活动的程度和清醒时差不多。在不同的睡眠时段，科学家用电极在头皮上量出来的脑波频率不同。

■ 事关重大的睡眠

从眼球没有迅速移动的睡眠第一阶段开始，经过第二、第三、第四阶段，再倒过来回到第一阶段的睡眠，大约费时90～110分钟，然后又重新自第一阶段重复同样的循环。因此，在一段六到八小时的睡眠里，会经历三到五个这种循环。也就是说，眼球迅速移动，也就是做梦的睡眠时段，一个晚上会发生三至五次，大约占全部睡眠时间的20%～25%。

睡眠的功能究竟是什么？可不只是为了休息。首先，当我们清醒的时候，大脑会消耗相当多的能量，占总消耗能量的1/4。睡觉时，大脑的活动慢下来，身体也趁机补充储存在大脑的能量。诸位应该还记得，我们的身体先把血糖转成糖原，然后把糖原储存在肝脏、大脑、肌肉等地方。第二，睡眠也让大脑的温度降低，得到休息。第三，有个说法是睡觉是为了要做梦，假如我们一天没有睡觉，第二天睡着的时候，梦会做得特别多。这顶多只能说我们需要做梦，但没有说明做梦有什么功能。做梦的时候，大脑的活动不比清醒时少。有些科学家认为，做梦可以让大脑在清醒时不太活动的部分得到运动操练的机会。第四，睡眠跟认知是有关联的，有时候一个困难无解的题目，在睡了一觉醒来后，答案就在脑海中出现了。第五，睡眠会帮忙整理清醒时收集的资料，甚至把资料间的关联性建立起来。清醒时找不到的资料，睡眠可能会帮助大脑找出来。第六，有些专家认为，在白天磨损破坏的神经细胞，可以在睡眠时修补复原。第七，睡眠会带给我们良好的情绪状态。

有关睡眠和压力的问题，其实是互为因果。睡眠不足会对身体产生压力，压力也会影响睡眠。

当我们睡觉的时候，负责对外来的刺激做出反应、使身体进入兴奋警备状态的交感神经系统会慢下来，让身体进入一个平静松弛状态的副交感神经系统会启动，增进消化功能，储存能量，某些激素，如糖皮质激素的分泌会减少，某些激素如生长激素的分泌会增加。睡眠不足时，这些激素的分泌就朝着反方向去，该少的没减，该多的又不增。前面提过，交感神经系统分泌的糖皮质激素对记忆力有害，会让神经细胞间的连接受损，减少新的神经细胞的产生，甚至导致神经细胞的死亡。糖皮质激素也会把脑里储存的能量消耗掉，这就是为什么我们开夜车准备考试，到了考场突然感到一片空白，许多东西都记不得的原因。睡眠不足也会影响身体新陈代谢和免疫功能。

相反地，压力会让我们睡不好。前面提过，处在压力之下，大脑会分泌一种促肾上腺皮质素释放激素，直接影响大脑的反应，并帮助启动交感神经系统的活动，压抑睡眠，对第三、第四阶段的沉睡状态影响最大，让我们睡不着也睡不好，降低睡眠质量。

　　说到这里，大家一定很担心，睡眠不足形成压力，压力又影响睡眠的时间和质量，会不会从一点点压力或者一点点失眠开始，雪球越滚越大呢？这点倒是不必太担心。当睡眠不足到达某个程度，身体已经吃不消的时候，压力的作用也就不会那么明显了。

　　接着我们来看压力和老化的关系。

　　我们活着的时候，生理和心理状态都随着时间而逐渐改变。在生命的前段，大约二三十岁以前，叫作"成长阶段"；在生命的后段，也就是二三十岁以后，叫作"老化阶段"。一般来说，我们的体力、记忆力、反应能力和创造的能力是会随着时间而衰退的。但是我们的知识、对事情和概念分析和综合的能力，以及社交能力却会随着时间而增长。以下的讨论，我们将先撇开老化的心理层面不谈，集中在生理层面。

　　老化是一个复杂的生理过程，一个有趣但重要的问题是：既然细胞有复制能力，那么让老化的细胞复制一个新的细胞，新的细胞老化又再复制一个新的，不是就可以生生不息、消除老化的现象吗？美国生物学家伦纳德·海弗利克（Leonard Hayflick，1928～）发现，细胞的分裂复制大概重复 50 次左右就不能够再复制了，这就是所谓的"复制衰老"。染色体中的 DNA 在复制的时候，染色体末梢会受到磨损，当磨损到某个程度时，细胞就失去复制能力。那么，这些末梢受到磨损的染色体复制出来的 DNA 的功能会不会改变呢？答案是不会，这些末梢只不过是复制过程中的一个重要角色而已。

对整体的器官来说，老化不只是功能的衰退，更重要的是对压力应变能力的降低。再说清楚一点，正常情形下，老化器官的功能没有问题。一旦面对压力的时候，老化器官就会应付不过来。于是，可能出现以下两种情形：

第一，在压力之下，身体无法做出应有的回应。老年人的心脏功能在正常情形下和年轻人相差不大，可是在刺激的情形之下，就比不上年轻人。遇到极端炎热或者寒冷的环境，老人恢复正常体温的速度也比较慢。第二，在压力之下，容易产生过度的回应。例如，处于压力下分泌的激素，在压力过去后仍会持续一段时间，不会那么快停下来。常见的情况是，空腹时，老人的血糖指数是正常的。吃了一顿大餐后，年轻人的血糖指数会在上升后较快恢复正常，老人的血糖指数则需要较长时间才能恢复。不但老化的器官对压力无法做出适当回应，反过来，压力也会增加器官老化的速度。

一百多年前，科学家有个观点，是说人的心脏一辈子只能够跳多少次。在压力之下，心跳速度增加，寿命也就跟着缩短。当然，这是一个过分简化的观点，不过，压力增加身体器官的损耗，的确有很多证据。前面提过，压力对糖尿病、高血压、心脏病等都有影响，在老年人身上更为明显。老化的器官对压力不能做出适当的回应，在许多情形下，会因而加速器官衰老。压力再来，回应更差，又再增加器官衰老退化。

当我们提到生理学上的问题时，指的都是平均值。然而，对年轻人来说，生理指标与平均值差距远的人比较少，而对老年人来说，与平均值差距远的人比较多。用一个简单的例子来解释，101 和 99 的平均数是 100，110 和 90 的平均数也是 100，这就是统计学上"变异数"的概念。

■ 放轻松，"好孕"自然来

最后，我们来谈压力对生育过程的影响。前面提过，压力会影响身体激素的分泌，包括好几种性激素。压力也会影响交感神经系统和副交感神经系统间的互动，就是兴奋和舒缓的生理状态转换，这些对生育都有相当密切的影响，尤其女性排卵、受孕、流产等生理现象都会受压力影响。在女性生理期的前半段，身体中好几种激素的分泌会增加，促进卵巢排卵作用，当这些激素的分泌因压力而减少时，正常排卵的机会就会下降。在女性生理期的后半段，身体开始分泌其他激素。这些激素的主要功能是让子宫壁细胞成熟，作为受精胚胎依附发育的地方。一旦激素的分泌受到影响，就会妨碍子宫壁细胞的成熟，影响胚胎依附在子宫壁上发育成长。

生理学家发现，女性的肾上腺会分泌少量男性激素，这些男性激素必须靠身体里的脂肪细胞才能变成雌激素。假如身体中脂肪细胞减少、萎缩，改变了这个过程，就会影响生育力。所以，长期饥饿、厌食，以及长期高强度训练的长跑或者游泳的女性运动员，排卵期都可能因为脂肪细胞的减少而受影响。

还有，当孕妇承受压力时，体内血液的流动也会影响流到胎儿的血液量，母亲的心跳速度也会影响到胎儿的心跳速度，增加流产的可能性。当然，生育的过程相当复杂，但是总体来说，我们身体的抗压能力还是相当强的。

学会与压力共舞

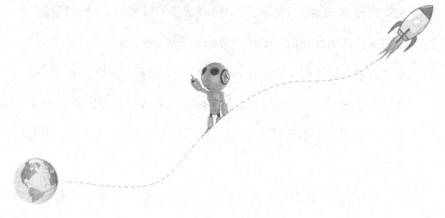

压力总是无可避免。

面对压力的重要原则就是乐观接受,

在既定的状态下,努力做到最好。

前面我们主要在谈压力对身体健康的影响。很多实验结果都指出,外来压力会让我们失去体内平衡,心跳加速、血压上升、血糖和激素的分泌增加或减少。这一切的后果可能是,健康暂时受到影响,也可能导致长久的损耗和破坏。

从科学观点来看,这其实是无数人花了无数的时间,努力累积得来的伟大结果,让我们对许多生理现象的来龙去脉、前因后果,有了清楚、明白的了解,然后进一步按照这些信息研制药物,治疗压力所引起的症状。然而，即使我们真的把身体看成一台机器，也绝对是台非常复杂的机器，没办法靠着方程式、情景模拟，把压力及其产生反应的结果精确算出来。更何况，除了生理因素之外，心理因素在身体对压力的反应上也扮演了重要的角色。换句话说，不同人在相同的压力条件之下，会因为不同的心理因素，产生全然不同的反应。接下来，我们要谈的就是心理因素对承受压力程度的影响。

科学家曾做过这么一个实验，让白老鼠持续受轻微的电流刺激，一段时期后，白老鼠就会出现长期承受压力的症状，例如心跳加速、糖皮质激素的分泌增加、患溃疡的概率也增加。同样的一群白老鼠，当它们受电流刺激时，如果可以吃点东西、喝点水，或者在转轮上跑，嚼一片木头，那么患溃疡的概率会降低。这个实验还有个有趣的地方，当白老鼠受到电流刺激的压力时，让它们跑到笼子的另一边找另外一只白老鼠嬉闹一番，也有舒缓压力的效果。

■ 找出适合自己的舒压法

说到这里，我们大概就恍然大悟了。在压力下，有人拍桌子、摔椅子，有人拼命吃零食、喝饮料，有人打架、骂人，甚至找陌生人的麻烦，都是为了发泄压力。

比较好的发泄压力的方法是，做点或想点别的事情来转移注意力，例如，唱唱歌、看看电视、回想过去的快乐时光，甚至在脑子里打一场想象中的高尔夫球赛。运动也是个很好的发泄压力的方式。首先，运动有助于降低压力对心血管系统和新陈代谢的影响。其次，运动往往带来舒畅的心情。医学上的证据指出，常常运动，尤其是参与竞赛性运动的选手，都比较乐观外向，这可能跟运动时分泌的某种激素有关。再者，运动能带来成就感。另外，身体对压力的反应往往会是强烈的肌肉活动，运动正好取代了这种肌肉活动，也有助于舒缓压力。

尽管如此，运动减压的功能也有其限度：第一，运动改善心情、降低压力的效果仅限于运动后的几个小时。第二，你必须喜爱运动，它才能为你带来减压的感受。实验证明，让白老鼠自愿在转轮上跑对它们的健康有益，强迫它们跑的话反而对健康有害。第三，有氧运动的效果比较好。有氧运动指的是持续20分钟以上、比较不剧烈的运动，例如，走路、骑自行车、游泳等。有氧运动的能量来源是消耗氧气，把身体里储存的糖原转变成血糖。相反的是无氧运动，例如举重、肌肉训练等剧烈运动，这些运动只能持续30秒到2分钟，能量来源也不相同。第四，运动必须长期规律地做，例如每周多少次，每次多长时间。第五，千万不要做过头。

和运动一样，持续规律地静坐冥思，对舒缓压力也有帮助，可以降低糖皮质激素的分泌。

有助于舒压的第二种方法是，周围的人给予的心理支援。一个可以靠着尽情哭泣的肩膀、一只援助的手、一对同情的耳朵，都会有很大的效果。动物学家曾经观察到，把一只受压力冲击的猩猩放在一群它不认得的猩猩里，会让它对压力的反应变得更糟。相反地，如果把它放在一群熟识的猩猩中，它对压力的反应会降低许多。

人类也是如此。考试前或者准备做一份重要的业务报告的时候，有父母亲、同伴在旁边加油打气，的确可以降低心血管系统对压力的反应。医学上的研究指出，长期过着孤独生活的人，交感神经系统的活动比较多，容易引发高血压、血小板凝结等跟心脏有关的疾病。关怀、鼓励、同情对舒解压力的确有正面帮助。反过来说，在压力冲击之下，有些人在你身旁，例如，老板、妒忌你的远房亲戚……都会增加你对压力的反应。考试时，比儿子、女儿还紧张的爸爸、妈妈，往往是帮倒忙。医学上的证据指出，婚姻对健康有益，但不美满的婚姻却又是压力的来源。

提到心理上的支援，付出才是更有效的舒压方法。帮助别人，往往就是帮助自己。换句话说，替别人紧张来取代自己的紧张，感受别人的压力来代替自己要承受的压力，两个人在压力之下抱头痛哭，何尝不是互相支持、互相安慰的好途径呢？

科学家发现，事先预估外来压力的发生，也能改善身体对压力调节的能力。一个实验是两群白老鼠都断断续续地受到电流刺激，有群白老鼠在被电流刺激前会先收到一个警告铃声，这群白老鼠患溃疡的比例较低。另一个实验是，在一小时内给两群白老鼠喂同样分量的食物，有一群是每隔固定时段就得到定量食物，另外一群则是时间不定、食物的数量也不定。结果，后者糖皮质激素的分泌比较多，原因就是它们对外来的刺激比较难以预估。

■ 乐观以对，勇敢接受

生活中有许多相似的例子。你坐在牙医的诊疗椅上。医生拿着电钻去钻一颗大蛀牙，让你疼得眼泪直流，医生停下来，上看下看，左敲右打，突然又继续再钻几下，还吩咐护士拿这个拿那个仪器，真让人心跳加速、冷汗直冒，这时如果医生说"再钻三下，就可以结束了"，那么，即使再疼也熬得过去。地震后断断续续、突如其来的余震；台风来袭，考试要不要延期……都是难以预料的意外情况，这些都会增加身体承受的压力。因此，抵抗压力的一个方法就是收集有用的预测信息。老虎在后面追，路标显示再跑五公里就到山脚的小镇了；在深山迷路，手机传来的信息是，救援直升机天亮时就会抵达；动手术前，医生把可能会发生的情况做了详细的解释……都具有舒压作用。不过，有些预警的信息没有太大作用，例如"明天星期五，北京市区的路会大面积拥堵"，这是不讲也知道的信息。"明年油价又要上涨"，则是太遥远的信息，对舒压的帮助不大。

不过，太多的信息可能也有反作用。手术前，你把所有相关的细节、可能的反应和后遗症的资料都收集完整，反而会增加心理上的压力。另外，能对外来压力有若干程度的控制，也会帮助身体调节压力。两群白老鼠断断续续被电流刺激，其中有一群经过训练，知道按下一个杠杆就可以免除痛苦，那么即使那个杠杆已经失去功能，只要杠杆还在，仍能帮助老鼠减压。换句话说，能够控制外来压力的刺激固然有帮助，即使只知道有控制外来压力刺激的可能也是好的。大老板承受的压力很大，大老板的秘书承受的压力更大，因为大老板有控制外来压力的权力和可能，秘书却只能任人指挥，被动地承受外来压力。

的确，在强大的压力下，"只要我努力，就一定成功"这个信心，也就是有主宰和控制能力的心理，也是减压的一个方法。不过，这种心理有时也会适得其反。"我已全面掌握了形势，却因一时大意，整个案子就被别人抢去了。"这会让你懊悔，徒然增加压力，还不如抱着"反正我也没有能力做这个案子，拿不到就罢了"的心态，感到释怀些。其实，预估外来压力的发生以及控制外来压力的发生，两者很难清楚区分，因为有预估能力就会有控制能力，预估和控制相互为用，才能更好地发挥舒缓压力的效果。

以下针对舒缓压力的方法做一个总结：第一，找个正确的发泄方式；第二，寻求心灵上的支援；第三，预估外来压力的发生；第四，控制外来压力的发生。

从另一个角度来看，对压力的处理有两大议题值得思考。首先，如何避免压力产生？预估和控制的作用就在这里。其次，如何面对压力？适当地发泄和寻求支援就是这个意思。

避免压力产生的首要原则，就是建立自己的价值观，不为自己制造压力。学生要考第一名、进一流学校是件好事，但是，现在没做到也不代表就是求学上进的终点。在工作上卖力、为业绩打拼是正确的目标，但不能因此而影响到健康、家庭和个人的生活。

有人戴着国际知名科学家的桂冠，有人默默在课堂里培育下一代，都是尽了当教师的责任。鱼翅牛排、红酒香槟当然是大快朵颐，但两只鸡腿、一罐啤酒何尝不也是酒醉饭饱。开完同学会，有人昂首阔步踏上高级轿车，你却得赶地铁回家，遇上堵车的话，说不定你还可能比较早到家。《论语·雍也篇》里孔子说："贤哉，回也！一箪食，一瓢饮，在陋巷，人不堪其忧，回也不改其乐。"孔子说："颜回真是了不起呀！吃一小碗饭，喝一瓢冷水，住在偏僻狭窄的巷子里，别人受不了，颜回却自得其乐。"这正是因为颜回有自己的价值观，所以感受不到任何压力。

被拒绝、被排挤、被责骂、被嘲笑、被轻视、被遗忘，或许事出有因，或许根本没有道理，不妨反躬自省，也大可一笑置之，就是不必生气。不必为了逃避压力而选择消极的人生观，要积极进取、用自己的价值观作为人生指引，压力自然不会找你。

尽管如此，有些压力还是不可避免。面对压力的重要原则就是乐观接受，在已经固定的前提和大环境之下，努力做到最好。生老病死所造成的压力正是每个人都不可避免的，有人能够优雅、成熟地步入老年，有人能够勇敢面对长期痼疾的困扰。做志愿者、附庸风雅、看看画展、逛逛商场、打扮得漂亮一点儿给老伴看，伤脑筋的事就留给年轻人处理。正如前面所说，建立发泄的方式，寻找心灵上的支持，都有很大的帮助。

有人曾说："用平静的心情接受不能改变的事情，有勇气改变可以改变的事情，有智慧分辨两者间的不同。"也有人说："强风中，让我做一根弱草；高墙前，让我做一股疾风。"在我们的生命中，取舍进退，成败得失，荣辱贵贱，都是自己选择、自己面对的。

压力本来就是看不见、摸不着的东西，对某些人来说，在某些情况下，它可能是存在的，但对某些人来说，在某些情形之下它也可能是不存在的。没有压力，就不必伤神去寻找抗压的手段和途径了。

完美的追求

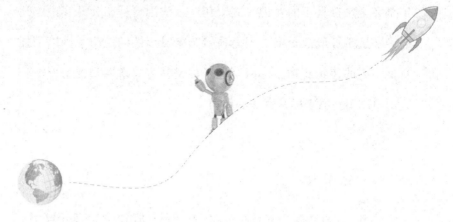

多好才叫好？多美才是完美？

科技进步让我们有更多不一样的选择。

有关道德、伦理、责任的界线，却是越来越模糊。

2007年8月，美国职业棒球大联盟旧金山巨人队的球员巴里·邦兹（Barry Bonds，1964～）击出了他在职业棒球生涯中第756支全垒打，打破了有一百多年历史的美国职业棒球大联盟的纪录，原来的纪录保持人是汉克·阿伦（Hank Aaron，1934～）在1976年建立的755支全垒打，这是一个不容易打破的纪录。

但是，许多棒球迷，尤其是老一辈的传统棒球迷，认为邦兹这个纪录是有瑕疵的，因为邦兹曾经被怀疑使用可以增强肌肉、被棒球大联盟禁用的药物类固醇。所以，这些球迷认为他的纪录不是完全来自真正的实力。同一年，在法国自行车公开赛中，几名参赛选手被取消资格，因为药检结果显示他们使用了可以增强身体耐力的违禁药物。这两个例子都是体育界常遇到的情形——运动员使用药物来提升竞争的体力。

■ 不一样的选择

接着，我再举两个不同的例子。几年前，美国一位失聪的女士，希望有个失聪的儿子，费了好些气力找到一位五代都是遗传失聪的男子，请他捐赠精子。果然如同她所预期，她生下一个失聪的儿子。这件事引发很多反映，认为她不该刻意把生理缺陷传给儿子。这位女士的回应是，失聪不必被认为是一种缺陷。失聪的人生活在一起，可以紧密地结合，有自己的生活方式，何尝不是一个美好的社会群体。

与此同时，美国最有名的几个常春藤大学的学生报纸，登了一则广告。有人愿意用五万美元的价格，征求卵子的捐赠，捐赠者身高必须超过170厘米，有运动员的体格，没有重大疾病的家族病史，进入大学的学术能力评估测试（SAT）的分数在1,400分以上——那是可以进哈佛大学的标准。许多看到这则广告的人，都觉得这是可以认同、没有太大争议的想法。这两个例子有个明显的共同点，就是父母从遗传的角度，主动选择自己想要的下一代。

随着医学、生命科学和基因工程的发展，如今我们已经有足够的信息、药品、工具和方法来影响生理和心理状况，包括治疗疾病、提升能力、控制监管和选择预设的后果。面对科学所带来的前所未有的、影响力可能非常深远的机会，怎样做选择，是非常复杂的社会、伦理、道德问题。

在不同的个案中，每个人都有自己的看法和选择，我们不能概括地站在一个极端，用一个纯科学的观点，追求所谓最完美的结果。何况，最完美的定义往往是模糊的、因人而异的。但是，我们也不能概括地站在另外一个极端，坚持一切顺其自然，排除任何科学和技术的助力和干预。我想用一些例子来指出，许多的决定和选择不可能被清晰地一分为二：是或者非，正确或者错误。许多过去作为决定和选择的理由，今天已经不再存在；许多今天作为决定或选择的理由，未来很可能不会再被接受。我们得不断地思考和调整。

以下的几个例子为我们指出，治疗生理机能上的疾病和障碍，与提升本来是健康正常的生理机能间的分界线，不再清晰明显。一个大家都可以接受的观点是，医学、生命科学和基因工程都可以应用在疾病治疗上，其实，这本来就是医学、生命科学和基因工程研究发展的初衷，但这些药品和技术可以应用到没有疾病、健康的人身上吗？医学上已经开始研发一种合成的基因，注射到白老鼠身上后，可以增强肌肉的活力，避免萎缩衰退。这种基因的研发目的是治疗人体肌肉萎缩老化的疾病。但是，打棒球、踢足球、举重的运动员，是不是也可以使用这种基因治疗法来增强肌肉呢？

在大脑记忆和认知方面的研究，原始的目的是治疗失智症，包括阿尔兹海默症。但是，差不多十年前，科学家已经知道如何改变果蝇的基因，增强它记忆的能力，也成功在白老鼠身上植入跟记忆有关的基因备份。这些备份不但能够增强白老鼠的学习和记忆能力，甚至可以等到它年龄大、记忆力衰退时，再启动使用。大家马上就想到，有了这种为治疗记忆力丧失或衰退的药物和方法，学生考试前背书，法官出庭前要把法律条文记住，生意人出国做生意前先把英文、法文复习一遍，只要一粒记忆力大补丸，就会有很大的助力。反过来说，在记忆力方面的研究，也可以消除过去，例如意外事故等悲惨的记忆。或许，仍深陷痛苦中的失恋情人，只要到药店买颗消除痛苦记忆的特效药就可以走出深渊。

再者，对发育迟缓落后的小孩，生长激素可以促进其身高发展。那么，假如一个健康正常的小男孩，想长得像姚明那么高去打美国职业篮球联赛（NBA），一个健康正常的小女孩，想做个高挑的模特，那么他们可不可以使用生长激素呢？

把前面几个例子综合起来，我们可以看到，现代医学、生命科学和基因工程的发展，带给我们几个层次的可能性：第一，治疗疾病，就是要恢复正常；第二，提升能力，那就是超越正常；第三，控制和选择我们所要的，也许就是近乎完美吧！

医学研究的目的，本来就是要治疗疾病、救人活命。所以，一个很单纯的看法是，生命科学的进步和发展，可以让我们治好更多的病，救活更多的人。我们应该永远站在一个极端的立场，没有任何别的考虑，尽所能去治疗一切病患。然而到了 21 世纪的今天，科学、社会、经济等各种因素综合起来，保健治疗不再是个单纯的议题。

首先，新的医药和治疗方法的研发，需要很长的时间和大量的财力，许多新药物和仪器价格都非常昂贵。特别是在贫苦的国家和地区，并不是每个病人都有足够的经济能力负担最好的治疗药物和方法。器官移植就是个复杂的例子，哪个病人最需要新器官？哪个病人接受新器官后的生存概率最高？哪个病人有钱去买个新器官？安乐死又是个更复杂的例子，谁能够选择安乐死这条路？是病人本人、他的家人还是医生？被动的安乐死是减少甚至中断对病人的治疗，主动的安乐死等于是用医药来帮一个人自杀。谁能够做这种决定？这种决定在医学、伦理、社会、法律责任上的归属如何？

■ 能救命，也会害人

接着，让我从用药物来治疗病人疾病的这个层次，转到用药物来提升健康正常人能力的这个层次。

治疗一个病人的疾病和提升一个健康正常人的能力，两者间的界线并不一定非常清晰明确。因此，用医治肌肉衰退的药来帮助运动员发达肌肉，用生长激素帮助小孩增高，用医治阿尔兹海默症的基因移植方法增进记忆力，都还是有争议的议题。不单是医学上的问题，也牵涉到社会、伦理、道德的判断。

反对将药物用来提升健康者能力的原因之一，是这些治疗的药物和方法都可能有不良副作用。有病的人不得不权衡轻重来使用，健康的人当然不应该使用。我们可以预期，没有不良副作用的药物一定会陆续出现，如何在正面的能力增长和负面的不良副作用间做出取舍，可能每个人有不同的看法。

另一个反对的理由是，使用药物来提升能力是违反自然的。在某些情形下，尤其是在运动竞赛中，更可能是不公平的。然而，这个说法有许多模糊的地方。高尔夫球界的明星"老虎伍兹"的视力非常弱。1999 年，他接受了角膜手术来改进视力，手术后，一连赢了五场比赛，没有人埋怨这是不公平的。在好多运动项目里，包括美式足球、举重、相扑，运动员的体重是个重要因素，因此使用类固醇药物来增重是被禁止的。但是，猛吃牛排、汉堡、马铃薯和大米，何尝没有同样的作用和目的呢？对长跑和骑自行车的运动员来说，因为红细胞有贮存氧气的功能，增加血液中红细胞的浓度，有助增强持久的耐力。人体的肾脏会产生一种激素叫作促红细胞生成素（EPO），会刺激红细胞的生长，现在已经有人工合成的EPO，注射到肾脏功能衰退的病人身上，能刺激红细胞的生长。对长跑和骑自行车的运动员来说，这是禁药。可是，有些到高山地区训练的运动员，因为当地空气稀薄，氧气比较少，他们体内的红细胞会因而增加，的确有不少长跑运动员会在比赛前到高地受训。卖跑鞋的耐克公司，特别设计了一间屋子，里面的空气氧气含量较低，和高山的稀薄空气相似，同样可以促进红细胞的生长。那么，在这间屋子里受训的运动员是否违反了运动规则呢？

假如今天市面上有"聪明丸""记忆力大补丸"出售，也许有些家长会买给孩子吃，有些家长则会抱着保留的态度。但是，有多少家长对送孩子们上补习班、才艺班会有所保留呢？为了提升能力，什么时候我们会想不可以违反自然，什么时候我们又心安理得、积极努力地去胜过自然？

基因工程时代的伦理观

科学和技术的胜利，

已让我们失去谦卑敬畏的心。

人，不一定要胜天。

　　近年来，医学、生命科学和基因工程的进步，为人类的身体和健康带来许多帮助和影响。这些帮助和影响可以分成不同的层次：第一个层次是治疗和补救，就是消除疾病、弥补缺失、恢复正常；第二个层次是对健康和能力的提升，就是从健康提升到更健康，从正常提升到超越正常；第三个层次是管控和选择，那可以说是从严格出发，追求完美。

　　第一、第二个层次，可以说是后天的弥补和加强，第三个层次可以说是先天的设计。我们在前文讨论过治疗和提升这两个层次，接着，我要再谈管控和选择这个层次。前面我已举了几个例子，包括有位失聪的女士找到一位五代遗传失聪的男子作为精子的捐赠人，因为她希望有个失聪的孩子。也有人征求卵子的捐赠人，列出捐赠人身高要超过170厘米、外表要金发蓝眼睛、智力考试分数要能上哈佛等要求，这些都是从出生就做先天选择的例子。

■ 失控的世界

接着我要讲个不同的故事。2004年，美国得州一位女士的一只猫活到17岁时死了。17岁的猫算是老猫了。猫的年龄和人的年龄有个很粗略的换算：1岁的猫等于15岁的人，2岁的猫等于20岁的人，7岁的猫等于45岁的人，10岁的猫等于58岁的人，15岁的猫等于78岁的人，20岁的猫等于98岁的人了。

这位女士心爱的猫死了，她没有随便再去找另一只猫代替，而是找到美国加州的一家基因科技公司，花了5万美元的价格，用原来老猫的基因复制了一只完全一样的小猫。这又是一个基因工程可以赋予我们选择能力的例子。当然，其中有关的道德、社会、经济的问题是相当复杂的，也的确引起不少争议。例如，为什么花5万美元去复制一只猫，而不用这笔钱去照顾流浪猫？推而广之，假如有一天复制人类的技术真的成熟了，那么父母说要复制自己的子女所引起的有关道德、社会、经济的问题更会被放大，需要更多的讨论和思考。后来，这家基因科技公司因生意不好，做不下去，在 2006 年就关门了。

另外一个例子，是父母对婴儿性别的选择。远从公元三百多年开始，就已经有许多口耳相传的说法，增加生男或生女的概率，但这些都没有科学根据。直到 30 年前，医学界成功用体外受精的方法，孕育了一个健康的"试管婴儿"。体外受精的过程是让精子和卵子在母体外结合，两三天后，当受精卵从单一细胞分裂成为六至八个细胞的胚胎时，再把胚胎移植回母体，让胚胎在母体成长。因为胚胎是在母体外的试管里结合形成，这就是"试管婴儿"这个名词的来源。

从医学观点来看，体外受精已经是个相当成熟的医学过程，但从社会、伦理和经济的观点来看，当精子和卵子在试管里结合成若干个胚胎后，只有其中的一个或者几个被选择移植回母体，在这个选择的过程中，婴儿的性别甚至其他生理上的缺陷和特征，都可以被检验出来，然后再做选择。这又是一个先天选择的例子。

除了在体外受精的过程中用筛选胚胎来选择婴儿的性别之外，还有一个更新的技术，就是在体外受精的过程前筛选分离精子，因为带 X 染色体的精子会生女婴，带 Y 染色体的精子会生

男婴。美国有个研究医学中心，发明了一个筛选方法，把带有 X
染色体和 Y 染色体的精子分离，带有 X 染色体精子和带有 Y 染
色体的精子正常分布，通过筛选分离之后，可以按照父母的选
择，增加有 X 染色体的精子的比例或者增加带有 Y 染色体的精
子的比例，因而增加生女婴或者生男婴的概率。这个技术可以将
50 ∶ 50 的分布，改变到大约 80 ∶ 20 的分布。换句话说，这个
精子筛选分离的技术，让在体外受精的过程中，父母有高达 80%
的机会选择婴儿的性别。

另一个医学科学带来先天选择能力的例子，牵涉到严重的
道德和社会问题。有些国家如印度，还是有重男轻女的传统思想，
加上经济能力的限制，使得女婴出生后被杀害的悲惨事例屡见
不鲜。

从以上的例子可以看出，当医学、生命科学和基因工程提供
让人类管控选择的机会的时候，许多正面和负面的后果是不容易
被分析得清楚、看得透彻的。

■ 相信人定胜天?

讲到这，我们先回过头来看看 19 世纪英国科学家弗朗西斯·高
尔顿（Sir Francis Galton, 1822 ~ 1911 年）提出的"优生学"理论。

— 211 —

高尔顿是"进化论"创始者达尔文的表兄弟。大家都知道,达尔文"进化论"的中心论点是"物竞天择,适者生存",是说生物在大自然的环境中,彼此为生存而相互竞争,其中最能够适应这个环境的,才能够延续活下去,否则就会被自然淘汰。高尔顿受了"进化论"影响,用统计方法来研究人类的遗传。他发现人类的智力、性格、身高、面貌、指纹都是有遗传性的,就是俗语所讲的"龙生龙,凤生凤,老鼠的儿子会打洞"。所以,高尔顿就主张聪明健康的男女应该相互通婚,为人类生育优秀后代。他说与其让人类顺其自然,盲目、缓慢地演变进化,不如有规划、迅速地朝着改进人种的方向走。

19世纪末20世纪初,"优生学"引起许多注意,也得到许多支持。但是,"优生学"正面地鼓励优秀族群繁殖,不可避免地带来负面的想法和做法:有缺陷的族群得不到鼓励和帮助,甚至被法律或者医学手段强制禁止生育。20世纪初,美国有29个州通过法令,心智有缺陷的人,甚至囚犯、乞丐都被强制不能生育后代。这种负面"优生学"的想法,在希特勒统治时期的德国更是变本加厉,变成种族屠杀的借口。当然,到了今天,从"优生学"观点负面地做强制性禁止,已经不再被接受。

如果从"优生学"观点来建立鼓励和诱导政策,我们又将如何看待？1980 年，新加坡为了鼓励受教育水平高的男女交往结婚，政府特别为单身大学生安排电脑择偶和交谊活动，用经济的诱因鼓励教育程度高的女性生育。另一方面，针对没有受过高中教育、低收入的女性，如果她们自动接受结扎手术，就可以得到经济上的资助，去买一幢低收入者住的公寓。尽管这个政策是自愿、自由的选择，但还是引起若干的质疑。最明显的，是用经济诱因引导女性接受结扎手术，这和用法令强制相比较，两者在道德上的分界并不清晰。其次，用社会共同资源鼓励一个族群去做选择，是否等于对另一个族群的漠视和歧视？

■ 以"个人选择"为名

当医学、生命科学和基因科技能帮助我们选择下一代的性别、容貌、特征、体力和智力的时候，我们是否还会看到"优生学"理念的正面看法和负面疑虑？虽然有人说，今天的医学、生命科学和基因工程为我们提供的选择与过去不同的地方是，这些都是"个人选择"。但是，个人自由的选择并未排除有意或无意的压力、诱导和误导；个人自由的选择并不表示平等的选择机会，不受一个人或者一个族群的政治、经济背景的影响；个人自由的选择也并不代表就是对别人、对社会没有影响、完全独立的选择。

最后，我们从很多例子看到，医学、生命科学和基因工程为我们提供了更多可能，以便提升和改进我们的生理素质和能力，提供了对我们下一代的生理素质和能力予以设计和选择的可能。面对这些可能，一个概括的极端是尽量使用和发挥这些科学技术，另一个极端则是完全排斥这些科学技术的使用。在两个极端之间，我们怎样选择、如何决定呢？在刚才的讨论里，我们看到科学技术只不过是最原始的层面。在这个层面，我们考虑的是这些科学技术是否安全、是否有效，但是我们也看到，只从科学技术层面来谈，恐怕是过分单纯。相关的经济、法律、道德、社会的层面，包括价格、公平、自由自主等都是相当复杂的，不像科学技术层面那么容易判别好或者不好，对或者不对。

如果撇开现实层面的考虑，从哲学观点来看，优生学和基因工程带给我们的是"人类自己的意志超越了自然的天赋，是人类自己的控制和监管超越了对自然敬畏的心，是改变自然超越了接受自然"，这是科学和技术的胜利。为什么我们不能够全面地接受这份成功和胜利呢？美国哈佛大学的迈克尔·桑德尔（Michael J. Sandel, 1953 ~ ）教授认为，全面接受这份成功和胜利，会让我们失去谦卑敬畏的心，让我们对自己、对后代、对社会的责任变得更沉重，同时，会让社会失去团结。因为每个人或者每个族群都难免使用科学技术为自己求好、为自己打算。但是，反驳桑德尔观点的人会问，如果，在把一切交托给命运而不必有自咎的危险与让我们掌握自由也必须负起适当的责任两者中选择一个的话，也许自由和责任是越来越多人会做的选择。